电子稳像技术

方　明　任正玮　徐　晶　陈纯毅　著

電子工業出版社
Publishing House of Electronics Industry
北京·BEIJING

图书在版编目（CIP）数据

电子稳像技术/方明等著. —北京：电子工业出版社，2018.8
ISBN 978-7-121-34950-8

Ⅰ. ①电… Ⅱ. ①方… Ⅲ. ①无线电电子学 Ⅳ.①TN014

中国版本图书馆 CIP 数据核字（2018）第 199062 号

策划编辑：刘小琳
责任编辑：刘小琳　　特约编辑：白天明　李　丹
印　　刷：北京虎彩文化传播有限公司
装　　订：北京虎彩文化传播有限公司
出版发行：电子工业出版社
　　　　　北京市海淀区万寿路 173 信箱　邮编 100036
开　　本：710×1 000　1/16　印张：8.75　字数：152 千字
版　　次：2018 年 8 月第 1 版
印　　次：2024 年 1 月第 4 次印刷
定　　价：88.00 元

凡所购买电子工业出版社图书有缺损问题，请向购买书店调换。若书店售缺，请与本社发行部联系，联系及邮购电话：（010）88254888，88258888。

质量投诉请发邮件至 zlts@phei.com.cn，盗版侵权举报请发邮件至 dbqq@phei.com.cn。

本书咨询联系方式：（010）88254538，liuxl@phei.com.cn。

前言

PREFACE

作者长期在电子稳像技术领域工作，本书是作者对这些年研究成果的总结，作者力求将电子稳像的产生、发展和应用过程完整地呈现给读者。

稳像的根本目的是保证在利用光学仪器拍摄目标时，尽管平台存在摇动或振动，但拍摄的图像质量不受损害，没有对人眼的观察或进一步的计算分析产生不良影响。从宏观上讲，稳像的过程分为两大类，即帧内稳像和帧间稳像。帧内稳像的应用大家都非常熟悉，典型的应用是在拍摄照片时，可确保照片不会因为手的抖动而模糊。帧内稳像已经在大多数消费级相机中集成应用，技术成熟，不是本书的关注重点。关于帧间稳像，大家可以试想一下，当使用肩扛摄像机拍摄某一场景时，仅通过图像的晃动程度即可轻易判断当时的情况是否紧急。帧间晃动和帧内晃动不同，帧间晃动是由于帧间出现特殊振动导致的，称为帧间稳像。帧间稳像是本书关注的重点，目前帧间稳像技术还不够成熟，很难在民用消费级相机中应用，关键技术仍然处于攻关阶段。

本书分为上、中、下三篇。上篇为电子稳像基本理论，从运动的产生开始，讨论稳像的目的、稳像技术的发展历程和应用领域，以及基本的稳像模型和构成。中篇讨论了基于 2D 模型的稳像方法，其中着重讨论全局运动估计及 2D 稳像模型。下篇讨论了基于 3D 模型的稳像方法，并提出了基于球面模型的稳像算法。3 个篇章，由浅入深，贯穿了整个电子稳像技术的发展历程。

本书在撰写过程中，得到研究生司书哲、田颖、郭莎莎、付飞蚺，以及机器视觉研究室多位同学的全力协助，他们认真整理了部分章节的研究成果，并做了全书的校对工作，感谢他们的努力及对本书所做的贡献。

本书注重内容的完备性、系统性和创新性，可作为高校计算机科学专业、自动化专业师生研究相关内容的理论参考书，也可以作为该领域工程应用的参考用书。

尽管针对本书的撰写，我们投入了大量的人力和精力，但由于水平有限，书中一定存在各种不足，敬请谅解。

作　者

2018 年 5 月于长春

目 录
CONTEN

上篇　电子稳像基本理论

中篇 2D 模型稳像方法

下篇 3D 模型稳像方法

上篇

电子稳像基本理论

第1章 绪论

1.1 运动

哲学里有句知名的话：运动是绝对的，静止是相对的。宇宙中的任何物体都不可能绝对静止，一定有运动存在。我们常说的一个物体是在运动状态还是在静止状态，通常都是相对于某一参照物而言的，这就是所谓运动的相对性。如图 1.1 所示，观察者和物体 A 都搭载在运动的车上，并以车的运动速度 $\boldsymbol{v}_{\mathrm{car}}$ 与车同步运动；同时，物体 B 以运动速度 $\boldsymbol{v}_{\mathrm{obj}}^{B}$ 运动。显然，在观察者看来，物体 A 是静止的；物体 B 有时运动，有时静止。那么，物体 B 什么时候在运动呢？显然是车的运动速度和物体 B 的运动速度不同时。物体 B 什么时候是静止的呢？显然是车的运动速度和物体 B 的运动速度完全相同时。

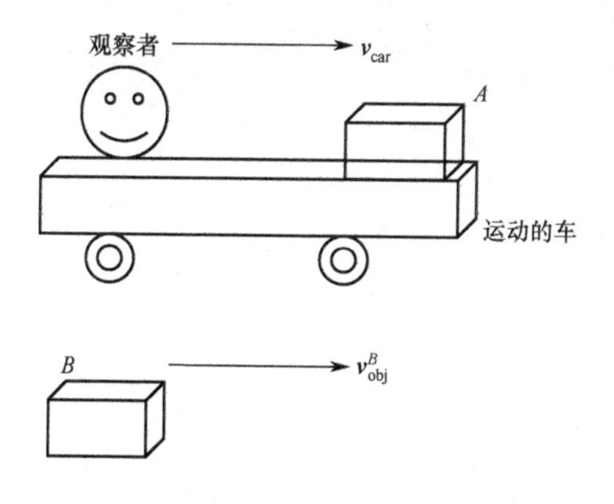

图 1.1 相对运动产生示意

如果将观察者想象成相机，那么不难理解，从相机的视角来看，外界的物体是在运动还是在静止，完全是相对于相机自身而言的，即相对速度的差异情况。当然也可以理解为单位时间内相机和目标物体所处的相对位置的变化情况。这种变化，从相机的成像上来看，就是捕捉到一种运动。显然，运动信息是通过相互之间有时间间隔的多帧图像来表达的。也就是说，在多帧图像中，目标物体的位置在图像中发生像素位置的相对变化。正是通过这种变化，我们才能理解世界上的运动。当然，这种变化由于涉及相机模型和从 3D 空间到 2D 空间的投影问题，以及由此带来的开口问题，有时这会使通过从图像上观测到的运动，分析实际 3D 空间的真实运动变得非常困难。

1.2　抖动

广义上讲，抖动是指在某一特定时刻，信号在短暂时间间隔内与理想位置的偏离。偏离程度越大，抖动越严重；反之，抖动不明显。图像抖动可以定义为：由于拍摄载体的运动等情况导致的视频图像中的待观察目标在短期内和理想位置产生较高频率的偏离。尽管这种现象，在单位时间内观测，是一种运动，但不是我们期望的，称之为抖动。

显然，按照上述定义，在相机拍摄物体的时间段内将有两种运动发生，一种是相机为了追踪目标拍摄而主动给予的扫描运动，另一种是由于载体的振动等产生的相对的、高频的晃动。这两种运动没有明显的界线，可通过相机成像后无痕地叠加在一起。如图 1.2 所示，将这两种运动抽象成独立的信号进行分析。为方便描述，将图 1.2（a）代表的相机扫描路径，抽象成一个时变信号；图 1.2（b）是抖动信号；图 1.2（c）是以上两种信号的合成。前两种信号是未知的、不可观测的，第 3 种信号可以通过分析图像的光流反演出相机的运动，是可观测的。但是，第 3 种信号是前两种未知信号的叠加结果。正是这种叠加给我们带来了极大的困扰。这相当于在信号源输入未知信号的情况下，一直努力分离这两种信号；或者说在保持一种信号的前提下，抑制另一种信号。

当然，如果从工程技术角度来看，可以不考虑信号的种类，直接通过卡尔曼滤波等算法对曲线进行平滑处理，进而达到抑制抖动的目的。但是，从科学角度来看，我们不得不考虑，这个现象实际上是多种信号的叠加，并且信号可能还不止两种。在这种条件下，我们是否可以仍然利用信号的盲源分解等算法解决，将是我们要长期探讨的一个有趣而富有挑战的课题。

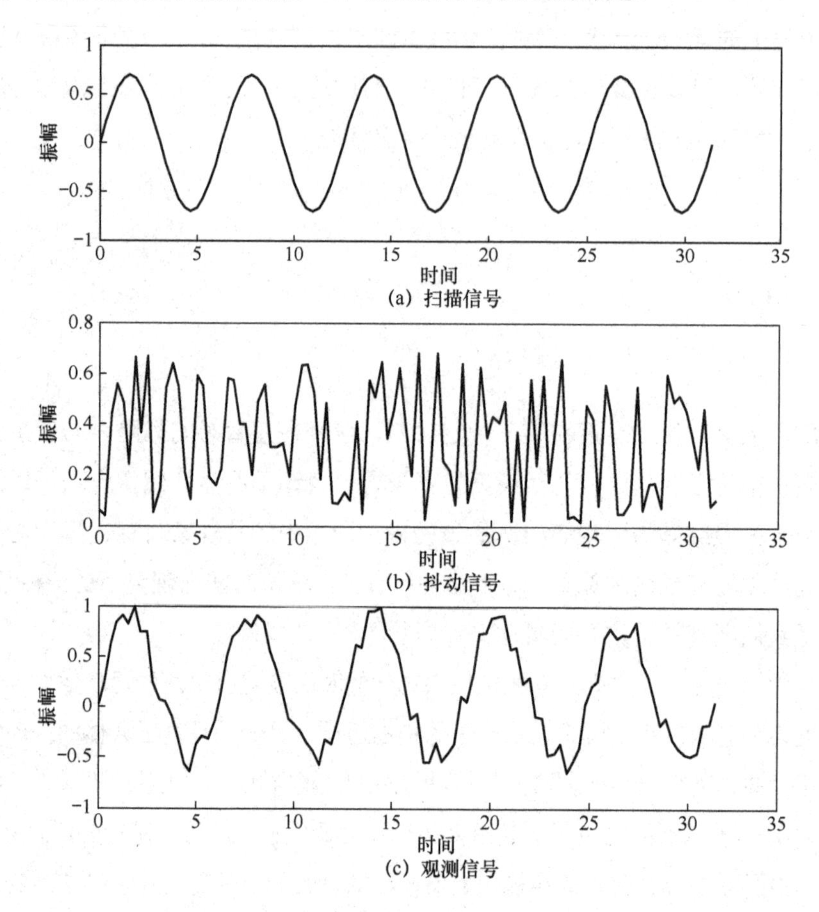

图 1.2　信号的叠加效应

第2章

电子稳像概述

2.1 电子稳像

2.1.1 帧内稳像

在介绍帧内稳像之前，我们首先了解一下帧内模糊。图 2.1 描述了摄像机在拍摄目标过程中，是如何产生帧内模糊现象的。为了便于说明，摄像机的成像平面用 CCD 表示，每个方格代表一个像素。在观察目标时，假定 t 时刻目标点 P 在 CCD 平面上的成像为 p'。此时我们考虑目标点 P 与 CCD 平面之间的相对运动和 CCD 曝光时间之间的关系。如果在 CCD 曝光时间内，二者之间没有发生相对运动，或发生的相对运动较小，如由 P 点移动到较近的 P_1 点，P 点和 P_1 点在 CCD 上的成像 p' 和 p_1' 仍然在同一个像素格子内。观察发现，图像是清晰的。反之，当在 CCD 曝光时间内，P 点的运动速度较快，移动到了 P_2 点，此时 P 点和 P_2 点的成像 p' 和 p_2' 将分布在两个格子中，从图像上看，点的形状被拉长了，这就产生了成像模糊，称为帧内模糊。

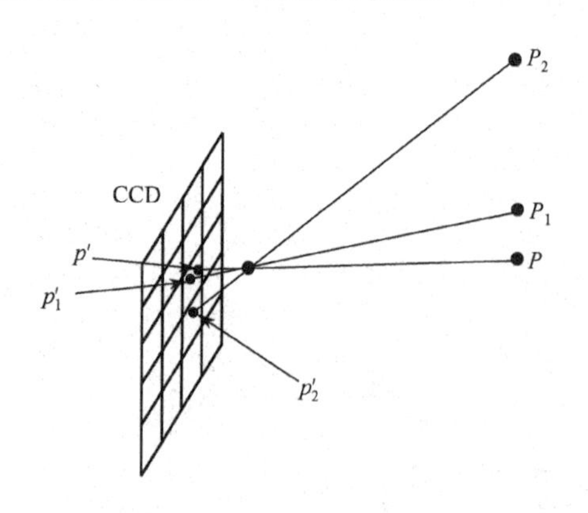

图 2.1　帧内模糊的产生过程

帧内模糊是最常见的成像不良现象，常表现在拍摄照片时图像局部或整体出现某一个方向的模糊。当场景内有高速运动的物体时，图像中运动物体的区域间产生严重的模糊现象。当整个场景相对于相机高速运动时，将产生整个图像的模糊。帧内模糊问题在多数的家用相机中已经通过光学补偿等方式得到抑制。

2.1.2　帧间稳像

同样，在介绍帧间稳像之前，还需要解释何为帧间模糊。如果说帧内模糊是由于在每帧的成像时间内，目标和相机之间发生的相对运动过大导致的；那么帧间模糊是指每帧的图像都是清晰的，但是多帧图像之间会产生高频抖动。人眼存在 0.1～0.4s 的视觉暂留，因此高频运动目标在人眼中的成像将表现出模糊不清的现象，严重的还会使人产生眩晕的感觉。抑制这种模糊现象的过程称为帧间稳像。

帧间模糊给视频拍摄带来极大困扰。在消费级的相机中很少有产品具有抑制帧间模糊的功能。帧间稳像是本书讨论的重点，以后章节的内容，我们也只讨论帧间稳像，所用的术语也只针对帧间稳像。

2.2　发展历程

2.2.1　基于机械陀螺的稳像技术

基于机械陀螺的稳像技术一般采用陀螺传感器感知摄像系统平台的振动，通过伺服系统抑制这种振动实现视频稳像。通常也通过惯性转台，利用平台的惯性实现抑制高频抖动的目的。该类方法一般很有效，但其缺点是体积庞大，需要额外的伺服机构，在小型摄像系统中很难应用。

2.2.2　基于光学的稳像技术

基于光学的稳像技术是利用光学系统的部分元件补偿平台的振动来达到使

视频图像稳定的目的，这种方式一般被称为光学稳像。光学稳像一般需要借助光路的改换达到抑制图像抖动的目的。

2.2.3 基于图像的稳像技术

基于图像的稳像技术是通过跟踪若干帧图像中的特征信息，反推摄像机的运动参数，之后通过图像变换达到视频稳像的目的。

2.2.4 基于位姿传感器的稳像技术

随着计算机技术和高精密传感器技术的快速发展，稳像技术已经发展成利用传感器检测抖动信息，并结合图像变换达到稳像的目的。该方法的优点是传感器的测量不受图像质量的影响，特别是在无纹理或较弱纹理的场景中，稳像过程依然有效。但是该方法的缺点是一般高精密传感器的价格昂贵，很难普及应用。因此，一般认为基于位姿传感器和图像变换相结合的稳像技术是未来的发展方向，这个技术被称为电子稳像。该技术显然具有稳像精度高、灵活性好、体积小、重量轻等优点。

2.3 应用领域

稳像技术的应用按照平台可划分为机载稳像、船载稳像、车载稳像、手持摄像稳像及室外监控稳像等。如果按照应用领域可以分为民用领域和军事领域，下面分别做简要说明。

2.3.1 民用领域应用

在视频压缩领域，通过电子稳像进行抑制后得到的视频图像，能够有效减少相邻时间间隔内图像帧间的对应运动矢量计算，提高视频图像压缩率。在车载摄像机上，会因车体振动而产生视频抖动。在肩扛式摄像机上，由于人体重心的变化导致拍摄的视频存在人体晃动频率特征，进而表现出视频抖动。因此，抑制这种抖动是非常必要的。在民用领域，佳能公司开发了比较有代表性的产品，如佳能 18×50 IS 防抖稳像双眼望远镜，内置光学防抖模块，在观察远处时稳像效果非常明显。

2.3.2　军事领域应用

在坦克驾驶室内，由于车的晃动导致室内观察员观察室外场景时出现眩晕的感觉，抑制这种现象需要稳像；搭载在直升机上的摄像系统，由于发动机的抖动导致图像出现不规则的、一定周期的晃动，需要稳像技术提高其视频拍摄质量。实际上，早在 1994 年，我国就已经研制出了小型光学惯性稳定系统，解决了光学惯性稳定跟踪系统的自动测试问题。

第3章

电子稳像模型及构成

3.1 传统电子稳像模型

3.1.1 2D 稳像模型

在 2D 图像的变化模型中最基本的图像变换包括平移、旋转、缩放、翻转、错切等，由这些基本的变换组合可得到刚体变换、仿射变换、透视变换等复合变换。2D 稳像模型使用一系列 2D 变换来代表摄像机运动，通过平滑这些变换来实现稳像的效果。

刚体变换：假设一幅图像中任意两点之间的距离经过某种变换显示到另一幅图像中，这两点的距离保持不变，则这种变换称为刚体变换（见图 3.1）。刚体变换仅限于图像的平移、旋转和翻转。

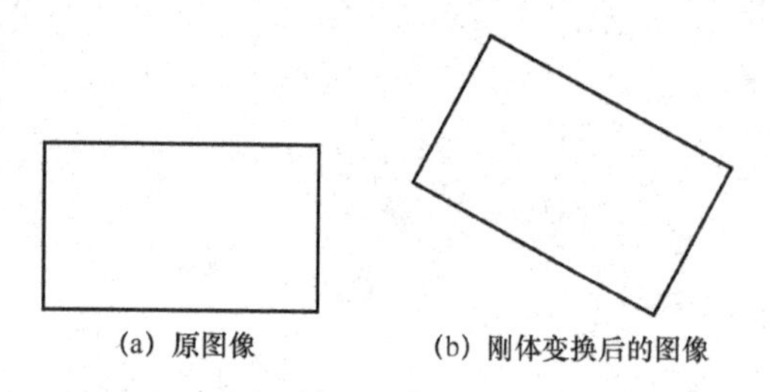

图 3.1 刚体变换

$$\begin{bmatrix} x' \\ y' \\ 1 \end{bmatrix} = \begin{bmatrix} \cos\theta & -\sin\theta & t_x \\ \sin\theta & \cos\theta & t_y \\ 0 & 0 & 1 \end{bmatrix} \begin{bmatrix} x \\ y \\ 1 \end{bmatrix} \tag{3.1}$$

式（3.1）中，θ 为旋转角度；$[t_x \ t_y]^{\mathrm{T}}$ 为平移向量。

$$\begin{bmatrix} x' \\ y' \\ 1 \end{bmatrix} = \begin{bmatrix} a_1 & a_2 & t_x \\ a_3 & a_4 & t_y \\ 0 & 0 & 1 \end{bmatrix} \begin{bmatrix} x \\ y \\ 1 \end{bmatrix} \tag{3.2}$$

仿射变换：仿射变换是一种 2D 坐标到 2D 坐标之间的线性变化，具有不变性质和不变量的特点，即一幅图像中的直线映射到另一幅图像上仍为直线，且保持平行关系（见图 3.2）。仿射变换包含一系列原子变化，如平移、缩放、旋转、翻转、错切。式（3.2）中，$[t_x\ t_y]^{\mathrm{T}}$ 表示平移向量，参数 a_i 反映了图像的旋转、缩放等。

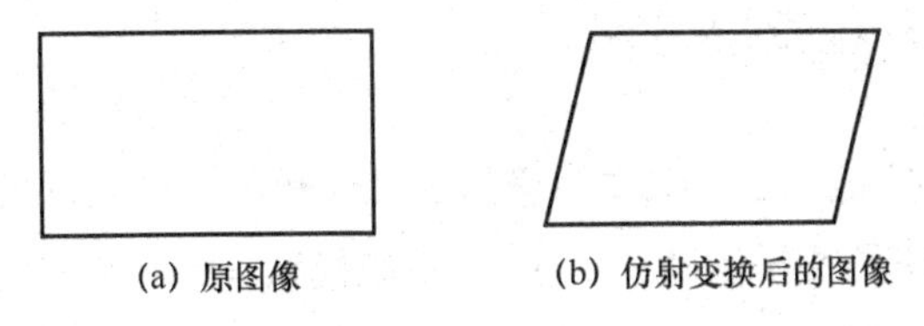

(a) 原图像　　(b) 仿射变换后的图像

图 3.2　仿射变换

透视变换：透视变换是指将图像投影到一个新的视平面上。如果一幅图像中的直线映射到另一幅图像上仍是直线，但不保持平行关系，则该变换称为透视变换（见图 3.3）。透视变换提供了更大的灵活性，仿射变换是透视变换的子集。

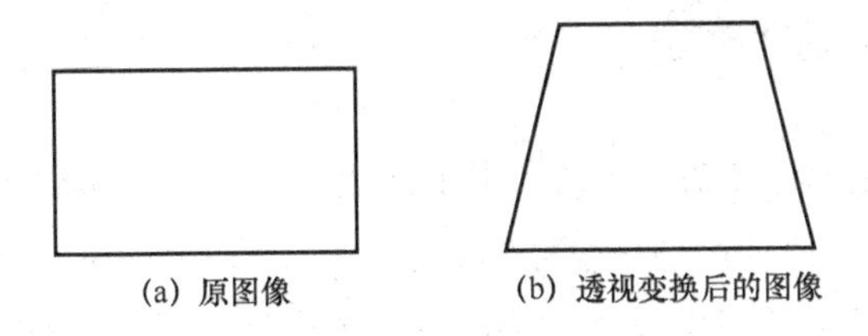

(a) 原图像　　(b) 透视变换后的图像

图 3.3　透视变换

$$
\begin{bmatrix} x' \\ y' \\ 1 \end{bmatrix} = \begin{bmatrix} m_0 & m_1 & m_2 \\ m_3 & m_4 & m_5 \\ m_6 & m_7 & 1 \end{bmatrix} \begin{bmatrix} x \\ y \\ 1 \end{bmatrix} \tag{3.3}
$$

式中，$\begin{bmatrix} m_0 & m_1 \\ m_3 & m_4 \end{bmatrix}$表示线性变化；$[m_2\quad m_5]^{\mathrm{T}}$表示平移；$[m_6\quad m_7]$表示产生透视变换。

2D 稳像模型估计连续视频帧之间的 2D 变换，通过连接这些变换，可以获得 2D 相机路径，进而对 2D 相机路径进行平滑，生成稳定的视频。2D 稳像模型的研究重点是运动估计和平滑路径。严格地说，单应性变换仅在场景为平面或相机进行纯旋转运动时才有效。当场景包含较大的深度变化时，2D 稳像模型无效，并且在稳定的结果中会引入诸如内容扭曲之类的问题。另外，2D 稳像模型的优点是具有鲁棒性。它只需要相邻帧之间的特征对应。与 3D 重建相比，2D 稳像模型拟合更加具有鲁棒性。

3.1.2 2.5D 稳像模型

2.5D 稳像模型是介于 2D 稳像模型和 3D 稳像模型之间的折中方法，该模型直接平滑跟踪图像特征的轨迹。2.5D 稳像模型放宽了对部分 3D 信息进行全 3D 重建的要求（如极线几何）。它在特征轨迹中嵌入 3D 信息。2.5D 稳像模型认为针对视频稳定目的是不需要进行全 3D 重建的。2.5D 稳像模型可以产生与全 3D 重建相当的结果，同时可以降低计算成本。然而，长特征追踪（如 30 个连续帧的特征追踪）的要求仍然是影响算法鲁棒性的瓶颈。

3.1.3 3D 稳像模型

3D 稳像模型需要明确 3D 结构用于视频稳定，包括 3D 相机姿态和场景深度。这些结构可以通过运动恢复结构算法 SFM（Structure-From-Motion）或采用深度传感器获得。给定原始抖动的 3D 相机路径，恢复平滑的虚拟相机路径。稳定的视频沿着虚拟路径呈现，就好像它是从这个新路径中获取的一样。这种渲染过程通常被称为新的视图合成。当 3D 重建可行时，由于其物理正确性，往往会产生最高质量的结果。但是，3D 稳像模型计算复杂，且对特征要求较高，因此鲁棒性不高。

3.2 稳像模型基本模块构成

3.2.1 全局运动估计

全局运动估计是电子稳像的前提步骤，需要得到相机的运动才能根据运动特性进行补偿。2D 稳像模型的全局运动估计是指对图像中背景区域的运动估计，3D 稳像模型的全局运动估计是指对相机运动姿态的估计。图像序列之间的运动以图像中坐标的变化来体现。图 3.4 展示了相机拍摄的两帧图像，分别为参考帧和当前帧，以及补偿前图像。由于相机随机抖动，两帧图像中的同一个物体在不同区域分别成像，通过分析图像中的像素运动，运用运动估计的一些算法检测当前帧相对参考帧图像的运动矢量即全局运动估计。

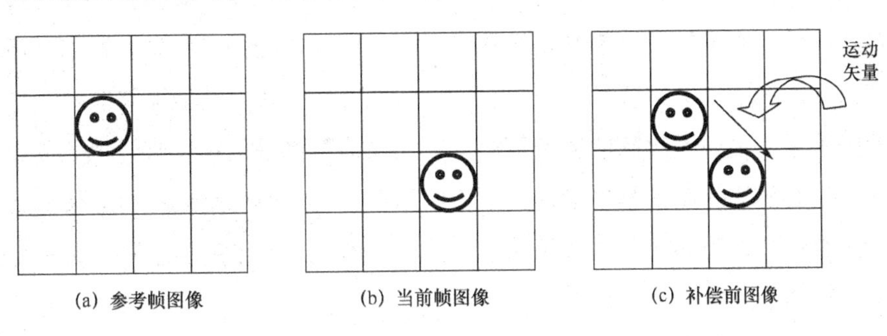

图 3.4　全局运动估计原理

全局运动估计是稳像算法的核心部分，其运算速度和精度将直接影响电子稳像系统的性能。

3.2.2　运动平滑

在一般情况下，计算出来的运动是由主动运动和随机抖动合成在一起的。主动运动代表拍摄者的主观拍摄意愿，抖动非拍摄者的主观意愿，需要去除。因此，运动平滑的目标是保留主动运动的同时抑制随机抖动。运动平滑的难点在于如何区分相机的主动运动和随机抖动两类分量。一般来说，相机的期望运动频率低于 1Hz，属于稳定而平滑的低频信号；而抖动噪声信号相对于期望运动而言属于高频噪声，它的平均频率均在 5Hz 以上。因此，可以通过主动运动和随机抖动信号频率不同的特点，采用滤波的方法将两种运动分离开来。常见的运动滤波方法有均值滤波、高斯滤波、卡尔曼滤波等。

3.2.3　运动补偿

运动补偿是指根据真实的运动估计与运动平滑后的轨迹之差，对原始图像进行图像变换，从而得到满足运动轨迹平滑后的稳定视频。在进行补偿时，对当前坐标进行变换，得到补偿后的坐标，补偿后的坐标可能不是整数。然而，像素的坐标在图像上只能以整数表示，那么针对坐标不是整数的情况，图像处理算法通常采用插值处理方法确定像素坐标。最简单的插值处理方法为最近邻插值法。最近邻插值法，即取距离非整数坐标最近的像素坐标作为该点的坐标。该算法简单、容易操作，但是由于没有考虑周围像素的关联信息，插值处理后的图像会丢失一部分细节信息。双线性插值法考虑了非整数坐标周围 4 个像素坐标的关系。复杂度较高的插值算法是双三次插值算法，它较前两种插值算法的计算量有明显提高，其平滑效果优于前两种算法。但利用双三次插值算法处理后的图像边缘模糊效应比较明显，因此，当对边缘有较高要求时，这种算法是不适合的。

第4章

稳像效果评价

4.1 主观评价

主观评价是一种非常简便的稳像效果评价方法。主观评价要求选取适当的人员作为评价者，评价者对某一抖动的视频序列及其稳像后的视频序列进行观察，只从视觉上对其稳像前和稳像后的图像效果进行整体评价。评价者在进行评价时，会受到周边环境、文化背景、个人爱好等因素的影响，所以不同的人对于同一图像中不同物体的感兴趣程度也有所不同，即不同人对同一图像的关注点会有很大差别，这使得个体的评价往往带有较强的主观性。

一般来说，评价者越多，图像样本越多，其评价结果就越能反映稳像效果。因此，主观评价方法最明显的缺点是评价过程烦琐、耗时长、人力成本高。

4.2 客观评价

4.2.1 MSE 评价方法

最小均方误差（Mean Square Error，MSE）评价方法是指通过对比两帧图像对应点的像素灰度差来反映视频的稳定性，像素灰度差越小稳像效果越好，如式（4.1）所列。

$$\mathrm{MSE}(\boldsymbol{I}_k,\boldsymbol{I}_{k+\Delta t})=\frac{1}{W\times H}\sum_{x=1}^{W}\sum_{y=1}^{H}\left[\boldsymbol{I}_k(x,y)-\boldsymbol{I}_{k+\Delta t}(x,y)\right]^2 \tag{4.1}$$

式中，$\boldsymbol{I}_k(x,y)$表示第k帧图像在(x,y)处的灰度值；$\boldsymbol{I}_{k+\Delta t}(x,y)$表示第$k+\Delta t$帧图像在$(x,y)$处的灰度值；$W$和$H$分别表示每帧图像的宽度和高度。在理想情况下，稳像后两帧图像的运动全部补偿，最小均方误差应为 0，但是实际上由于噪声和误差的影响，最小均方误差不可能为 0。

4.2.2　PSNR 评价方法

峰值信噪比（Peak Signal to Noise Ratio，PSNR）评价方法是指通过比较参考帧与当前帧灰度值的差异来反映视频的稳定性，其值越大稳像效果越好，与 MSE 评价方法类似，如式（4.2）所列。

$$\mathrm{PSNR}(\boldsymbol{I}_0,\boldsymbol{I}_1)=10\lg\frac{255^2}{\mathrm{MSE}(\boldsymbol{I}_0,\boldsymbol{I}_1)} \tag{4.2}$$

式中，MSE 表示两帧图像间对应像素灰度的差值，它显示视频序列灰度变化的快慢和变化量的多少，PSNR 的值反映了两帧图像重合的情况，PSNR 的值越大，说明图像重合率越高，图像的稳定效果也就越好。对于静态背景，该方法能够进行有效的评价，但是该方法不适用于评价具有扫描运动或含有运动物体的图像序列。

4.2.3　ITF 评价方法

帧间变换保真度（Inter-frame Transformation Fidelity，ITF）评价方法是通过计算 PSNR 的值获得的，其定义如式（4.3）所列。

$$\mathrm{ITF}=\frac{1}{N-1}\sum_{i=1}^{N-1}\mathrm{PSNR}(i) \tag{4.3}$$

式中，N 表示视频序列的总帧数；$\mathrm{PSNR}(i)$ 表示连续两帧图像（$i,i+1$）的峰值信噪比，ITF 的值可以有效地衡量帧间的平滑度，根据 ITF 可以对稳像结构进行客观的评价。该方法适合于静态背景下的稳像评价。

4.2.4　差分图评价方法

差分图评价方法是指将两帧灰度图像对应位置的灰度值相减以获取差分图，通过差分图观察稳像效果。对于背景静止的视频帧序列，若相邻两帧的变化量被完全补偿，差分图上的像素值应均为 0，显示全黑的图像。但在实际场景下拍摄的视频图像序列由于存在噪声和误差，其值不可能均为 0。差分出来的图像中灰度值越小说明运动补偿越充分，稳像质量越高，如图 4.1 所示。

（a）参考帧图像

（b）当前帧图像

（c）差分图

图 4.1　差分图

4.2.5　DITF 评价方法

帧间变换保真度差异（Difference of Inter-frame Transformation Fidelity，DITF）评价方法是在背景运动的情况下，根据相邻两帧图像间变化的差异对稳像结果进行评价，其定义如式（4.4）所列。

$$\mathrm{DITF}(\boldsymbol{I}_t)=\left|\mathrm{PSNR}(\boldsymbol{I}_{t-1},\boldsymbol{I}_t)-\mathrm{PSNR}(\boldsymbol{I}_t,\boldsymbol{I}_{t+1})\right| \tag{4.4}$$

式中，$\boldsymbol{I}_t$ 表示参考帧图像；$\boldsymbol{I}_{t-1}$ 和 $\boldsymbol{I}_{t+1}$ 分别表示 $\boldsymbol{I}_t$ 参考帧图像的前一帧图像和后一帧图像。DIFT 的值越小，代表视频中摄像机运动越平滑，连续的帧间变化越小，稳像效果也就越好。但是，该算法不适用于含有变焦、目标尺寸变化等场景。

4.2.6　标准差算法

标准差算法是指求稳像后视频序列运动的标准差，以此作为评价标准能够客观地反映算法的精度。标准差算法的步骤大致如下。

（1）将不含抖动的视频拆分成帧。

（2）在视频中叠加随机抖动，并将每帧图像的抖动信息保存到一个文件中。

（3）利用待评价的稳像算法对叠加随机抖动的视频序列进行处理，并将补偿的数据保存到另一个文件中。

（4）将原始抖动数据与补偿数据做差得到抖动差值数据，然后利用式（4.5）和式（4.6）求该数据的标准差作为稳像效果评价指标。标准差能较好地评价带有主动运动或含有小运动物体视频的稳像效果。

$$x = \frac{1}{n}\sum_{i=1}^{n} x_i \tag{4.5}$$

$$\sigma = \sqrt{\frac{1}{n}\sum_{i=1}^{n}(x_i - x)^2}，\ n \in N \tag{4.6}$$

式中，x 表示抖动差值数据的均值；σ 表示抖动数据的标准差。

4.2.7　随机性检验方法

随机性检验方法假定随机抖动呈现出来的特点是随机的、没有任何规律可循的，而主动运动呈现的特点是连续的、平滑的，通过对全局运动矢量中 3 个分量（水平偏移量、垂直偏移量、旋转角度）进行二进制编码，以对应二进制编码同异性来反映稳像效果。将首帧图像的二进制编码设为 0，其余帧全局运动矢量中的分量，若为正则编码为 1，否则编码为 0。若全局运动矢量中各分量的符号较为一致，则视频序列的稳像效果越好。

4.3　讨论

以上部分主要介绍了电子稳像常用的几种评价方法，每种评价方法都有各自的优缺点和适用范围。

主观评价方法操作起来最简便，但操作过程较为烦琐，且需要大量的人力资源，评价结果也会由于评价者的生活背景、兴趣爱好等的不同而产生很大的差异。但是，电子稳像的结果通常是为了满足人们的视觉要求，其结果只需要获得大多数人的认可即可，这也是主观评价方法一直存在的原因。

最小均方误差（MSE）、峰值信噪比（PSNR）、帧间变换保真度（ITF）、差分图评价方法都具有较好的客观评价效果，适用于静态背景的稳像效果评价。帧间变换保真度差异（DITF）评价方法、标准差算法和随机性检验方法适用于具有扫描运动和含有运动物体的图像序列的稳像图像评价，它们可以较好地反映动态场景稳像图像的质量。

中篇

2D 模型稳像方法

第5章 全局运动估计

5.1 块匹配算法

块匹配算法是通过定位匹配视频序列中的宏块来估计运动矢量的一种方法。假设视频序列中的对象和背景在当前帧内的运动与在它们后续帧内的运动是对应的，将当前帧的宏块与相邻帧的搜索窗口内的宏块进行比较，匹配对应的宏块，进而确定连续帧之间宏块的位移。如图 5.1 所示，首先在参考帧内选择一个 $m \times n$ 的宏块，确定搜索窗口，在当前帧内根据搜索策略和匹配准则确定匹配的宏块，估计当前帧相对于参考帧的位移矢量。

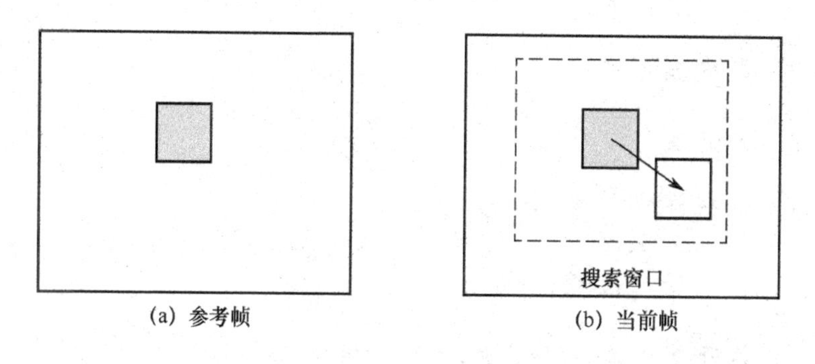

图 5.1　块匹配算法

决定块匹配算法性能的主要因素是搜索参数 p，p 是前一帧图像中对应宏块 4 个边上所有像素的数目，p 决定了宏块的大小。搜索参数是对运动情况的度量，搜索参数的值越大，则可能的运动越大，找到匹配块的可能性就越大。由于对所有的宏块进行覆盖搜索计算量比较大，可能影响算法的性能，一般采用三步搜索法或对数搜索法。对匹配宏块的评估指标主要有绝对平均差（Mean Absolute Difference，MAD）和均方误差（MSE），描述如式（5.1）和式（5.2）所列。

（1）绝对平均差（MAD）。

$$\mathrm{MAD}=\frac{1}{N^2}\sum_{i=0}^{n-1}\sum_{j=0}^{n-1}\left|C_{ij}-R_{ij}\right| \tag{5.1}$$

（2）均方误差（MSE）。

$$\mathrm{MSE}=\frac{1}{N^2}\sum_{i=0}^{n-1}\sum_{j=0}^{n-1}(C_{ij}-R_{ij})^2 \tag{5.2}$$

式中，N 表示宏块的大小；C_{ij} 和 R_{ij} 分别表示当前帧宏块和参考帧宏块中被比较的像素。

块匹配算法考虑到了像素之间的相关性，但是它只适合估计水平或垂直位移的运动，对于旋转或者缩放运动不能准确地估计。另外，对于运动物体的情况，如果匹配块的选择出现错误，即匹配块在运动物体中，将直接导致局部运动估计，无法得到全局运动估计矢量。若对图像进行全局搜索和匹配，计算量比较大，难以保证实时性。

5.2　灰度投影法

灰度投影法是指对图像灰度在水平或者垂直方向上进行投影，根据投影曲线变化情况匹配两帧图像，其优势在于计算速度快、实时性高、计算精确等。

$$G_x(i)=\frac{1}{H}\sum_{j=1}^{H}I(i,j) \tag{5.3}$$

$$G_y(j)=\frac{1}{W}\sum_{i=1}^{W}I(i,j) \tag{5.4}$$

式中，$\boldsymbol{I}(i,j)$ 表示图像像素点 (i,j) 的灰度值；H 和 W 表示图像的高度和宽度；$G_x(i)$ 表示图像像素灰度值在水平方向上的投影；$G_y(j)$ 表示图像像素灰度值在垂直方向上的投影。相邻帧图像在水平和垂直方向上投影曲线的平移量即运动在水平和垂直方向上的全局运动矢量，如图 5.2 和图 5.3 所示。

图 5.2 参考帧和当前帧

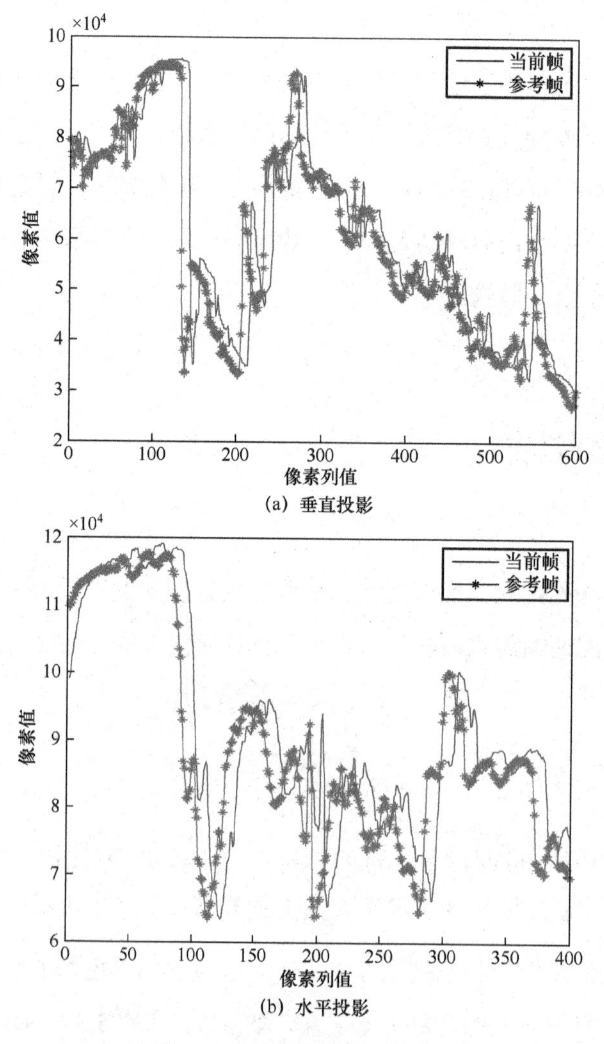

(a) 垂直投影

(b) 水平投影

图 5.3 垂直投影和水平投影

图 5.2 是大小均为 600 像素×400 像素的参考帧和当前帧图像，图 5.3 是对图 5.2 中两帧图像在垂直方向和水平方向上投影得到的投影曲线。根据投影曲线可以明显观测到图像存在水平方向和垂直方向的平移。通过分别计算相邻帧图像行列投影曲线的相关函数，就可以得到当前帧相对于参考帧在水平方向和垂直方向的全局运动矢量。

灰度投影法将 2D 图像转化为一维曲线，降低了计算量，在速度上相比块匹配算法具有很大优势。但是由于此算法是基于图像灰度值的，在灰度变化不明显的地方，灰度投影曲线不能很好地描述图像的灰度变化，进而无法体现运动情况。另外，灰度投影法是在水平方向和垂直方向上投影，只能得到水平方向和垂直方向上的平移矢量，对于旋转和缩放运动是无效的。为解决缩放和旋转问题，改进的灰度投影法首先在极坐标系下对相邻帧进行灰度投影，以此得到它们之间的旋转矢量和缩放矢量，然后对当前帧进行插值，即可得到与当前帧对应的缩放之后的图像，再经灰度投影，便可得到两帧之间的全局运动矢量。

5.3　光流法

光流的概念是 Gibson 在 1950 年首先提出来的。它是空间运动物体在观察成像平面上像素运动的瞬时速度，是利用图像序列中像素在时间域上的变化及相邻帧之间的相关性找到上一帧与当前帧之间存在的对应关系，从而计算相邻帧之间物体运动信息的方法。一般而言，光流是由于场景中前景目标本身的移动、相机的运动，或者两者的共同运动所产生的。

假设像素点 A 在 t 时刻的位置是 (x,y)，在 $t+\mathrm{d}t$ 时刻的位置为 $(x+\mathrm{d}x,y+\mathrm{d}y)$，则像素点 A 的光流等于 $(\mathrm{d}x/\mathrm{d}t,\mathrm{d}y/\mathrm{d}t)$。设像素点 A 在位置 (x,y)、t 时刻的灰度值为 $\boldsymbol{I}(x,y,t)$，在 $t+\mathrm{d}t$ 时刻的灰度值为 $\boldsymbol{I}(x+\mathrm{d}x,y+\mathrm{d}y,t+\mathrm{d}t)$。光流法基于基本假设：灰度守恒约束，即在 $\mathrm{d}x$ 和 $\mathrm{d}y$ 足够小的情况下有：

$$\boldsymbol{I}(x,y,t)=\boldsymbol{I}(x+\mathrm{d}x,y+\mathrm{d}y,t+\mathrm{d}t) \tag{5.5}$$

将式（5.5）泰勒展开，有：

$$\boldsymbol{I}(x,y,t)=\boldsymbol{I}(x,y,t)+\frac{\partial \boldsymbol{I}}{\partial x}\mathrm{d}x+\frac{\partial \boldsymbol{I}}{\partial y}\mathrm{d}y+\frac{\partial \boldsymbol{I}}{\partial t}\mathrm{d}t+\varepsilon \tag{5.6}$$

式中，ε 是 dx、dy、dt 的高阶无穷小，当 dx、dy、dt 足够小时，ε 可省略，即：

$$\frac{\partial \boldsymbol{I}}{\partial x}\mathrm{d}x+\frac{\partial \boldsymbol{I}}{\partial y}\mathrm{d}y+\frac{\partial \boldsymbol{I}}{\partial t}\mathrm{d}t=0 \tag{5.7}$$

等式两边同时除以 $\mathrm{d}t$，得：

$$\frac{\partial \boldsymbol{I}}{\partial x}\frac{\mathrm{d}x}{\mathrm{d}t}+\frac{\partial \boldsymbol{I}}{\partial y}\frac{\mathrm{d}y}{\mathrm{d}t}+\frac{\partial \boldsymbol{I}}{\partial t}=0 \tag{5.8}$$

令 $u=\frac{\mathrm{d}x}{\mathrm{d}t}$、$v=\frac{\mathrm{d}y}{\mathrm{d}t}$，得：

$$\boldsymbol{I}_x u+\boldsymbol{I}_y v=-\boldsymbol{I}_t \tag{5.9}$$

在前后两个时刻图像已知的情况下，$\boldsymbol{I}_x$、$\boldsymbol{I}_y$、$\boldsymbol{I}_z$ 为已知，u、v 为未知，两个变量一个方程，为求得方程的解需要增加约束条件。针对不同的约束分别给出 HS 光流法及 LK 光流法。

HS 光流法假设光流场是连续的、平滑的，基于此假设引入平滑项：

$$\zeta^2=(\frac{\partial u}{\partial x})^2+(\frac{\partial u}{\partial y})^2+(\frac{\partial v}{\partial x})^2+(\frac{\partial v}{\partial y})^2 \tag{5.10}$$

综合光流基本约束条件及平滑项，建立能量约束方程：

$$E(u,v)=\iint(\boldsymbol{I}_x u+\boldsymbol{I}_y v+\boldsymbol{I}_t)^2+\alpha^2(u_x^2+u_y^2+v_x^2+v_y^2)\mathrm{d}x\mathrm{d}y \tag{5.11}$$

通过变分法即可求解该约束方程极小值所对应的 (u,v)。

LK 光流法假设相邻像素间的光流是相等的，从而可得超定方程，通过最小二乘法即可求得光流。设像素点 A 在位置 (x,y) 的 $m\times m$ 领域内，像素点的光流都相等，即有方程组：

$$\begin{gathered}\boldsymbol{I}_{x1}u+\boldsymbol{I}_{y1}v=-\boldsymbol{I}_{t1}\\ \boldsymbol{I}_{x2}u+\boldsymbol{I}_{y2}v=-\boldsymbol{I}_{t2}\\ \vdots\\ \boldsymbol{I}_{xm}u+\boldsymbol{I}_{ym}v=-\boldsymbol{I}_{tm}\end{gathered} \tag{5.12}$$

转换为矩阵方程，即：

$$\boldsymbol{AU}=\boldsymbol{b} \tag{5.13}$$

其中

$$\boldsymbol{A}=\begin{bmatrix} I_{x1} & I_{y1} \\ I_{x2} & I_{y2} \\ \vdots & \vdots \\ I_{xm} & I_{ym} \end{bmatrix},\ \boldsymbol{U}=\begin{bmatrix} u \\ v \end{bmatrix},\ \boldsymbol{b}=\begin{bmatrix} -I_{t1} \\ -I_{t2} \\ \vdots \\ -I_{tm} \end{bmatrix} \tag{5.14}$$

两边同时乘以 $\boldsymbol{A}^{\mathrm{T}}$，可得：

$$\boldsymbol{A}^{\mathrm{T}}\boldsymbol{A}\boldsymbol{U}=\boldsymbol{A}^{\mathrm{T}}\boldsymbol{b} \tag{5.15}$$

由于 $\boldsymbol{A}\boldsymbol{U}=\boldsymbol{b}$ 为超定方程，故 $\boldsymbol{A}^{\mathrm{T}}\boldsymbol{A}$ 一定可逆，则可解出 $\boldsymbol{U}$：

$$\boldsymbol{U}=(\boldsymbol{A}^{\mathrm{T}}\boldsymbol{A})^{-1}\boldsymbol{A}^{\mathrm{T}}\boldsymbol{b} \tag{5.16}$$

5.4　特征法

5.4.1　特征点匹配

1）SIFT 特征点匹配

特征检测和图像匹配一直是计算机视觉和机器人视觉领域的重要问题，对电子稳像具有极其重要的作用。特征检测与提取是对图像信息抽象的表达，通过对图像信息进行抽象计算，并且在图像上对每个像素点进行局部判定以确定该点中是否存在给定类型的图像特征。一个理想的特征检测技术应该对图像旋转、尺度、光照、噪声和仿射变换等图像变换具有鲁棒性。此外，理想的特征必须具有高度特征性，以使该特征可以以较高概率准确匹配。通常，特征点位于图像高对比度区域，或者边缘、角点等。

尺度不变性特征变换（Scale-Invariant Feature Transform，SIFT）是 Lowe 于 2004 年提出的一种特征检测器。SIFT 算法首先根据高斯微分函数提取满足尺度不变特性的兴趣点，然后通过消除低对比点对候选关键点进行定位和细化，最后，对关键点定位之后，基于图像局部梯度方向为每个关键点进行方向赋值，基于图像梯度幅值和方向生成用于计算图像局部特征的特征描述符。

SIFT 特征提取的第一步是尺度空间极值检测。首先，需要对输入的图像通过高斯金字塔建立尺度空间。然后，在尺度空间中检测极值点。高斯核是唯一可以产生多尺度空间的核，一个图像的尺度空间 $L(x,y,\sigma)$ 是原始图像 $\boldsymbol{I}(x,y)$ 与一个可变尺度的 2D 高斯核函数 $G(x,y,\sigma)$ 的卷积运算。尺度空间公式为：

$$L(x,y,\sigma)=G(x,y,\sigma)*\boldsymbol{I}(x,y) \tag{5.17}$$

高斯核函数公式为：

$$G(x,y,\sigma)=\frac{1}{2\pi\sigma^2}\mathrm{e}^{-\frac{x^2+y^2}{2\sigma^2}} \tag{5.18}$$

式中，*表示卷积；(x,y) 表示图像像素位置；σ 表示尺度空间因子。尺度空间因子越小，对应的尺度越小，图像被平滑得越少。大尺度对应图像的概貌特征，小尺度对应图像的细节特征。

高斯拉普拉斯（Laplacian of Gaussian，LoG）算子是高斯和拉普拉斯的结合，可以描述尺度不变特征，使用 LoG 算子可以很好地检测图像中的特征点。LoG 算子可以通过对高斯核函数进行求偏导，并卷积得到。LoG 算子可以检测边缘特征信息，但是计算量较大，如式（5.19）所列：

$$\mathrm{LoG}(x,y,\sigma)=\frac{\partial^2}{\partial x^2}G(x,y,\sigma)+\frac{\partial^2}{\partial y^2}G(x,y,\sigma)=\frac{x^2+y^2-2\sigma^2}{\sigma^4}\mathrm{e}^{-\frac{x^2+y^2}{2\sigma^2}} \tag{5.19}$$

高斯差分（Difference of Gaussian，DoG）算子是高斯函数的差分，可以通过对两个尺度空间的高斯核函数相减得到，即对高斯金字塔相邻帧图像相减可以得到 DoG 图像金字塔。为了有效地检测尺度空间中稳定的关键点位置，Lowe 于 1999 年提出在与图像卷积的高斯差分函数中使用尺度空间极值 $D(x,y,\sigma)$。$D(x,y,\sigma)$ 可以由一恒定乘法因子 k 分离的两个相邻尺度空间差计算得到，如式（5.20）所列：

$$\mathrm{DoG}(x,y,\sigma)=[G(x,y,k\sigma)-G(x,y,\sigma)]*\boldsymbol{I}(x,y)=L(x,y,k\sigma)-L(x,y,\sigma) \tag{5.20}$$

高斯差分的极值 DoG 是对尺度归一化的 LoG 算子的近似，但是 DoG 算子相比 LoG 算子计算量更小，可以大大地节省运算时间。

另外，由于 DoG 值对噪声和边缘比较敏感，因此可以剔除对比度比较低的点和边缘点。同时，基于关键点的稳定程度，通过拟合精细函数确定关键点的位置和尺度。

根据式（5.21）和式（5.22）计算尺度空间中每个像素点 (x,y) 处的梯度模值和方向。

$$m(x,y)=\sqrt{[L(x+1,y)-L(x-1,y)]^2+[L(x,y+1)-L(x,y-1)]^2} \tag{5.21}$$

$$\theta(x,y)=a\tan 2\{[L(x,y+1)-L(x,y-1)]/[L(x+1,y)-L(x-1,y)]\} \tag{5.22}$$

对每个关键点利用直方图统计其领域窗口内像素的梯度分布，确定该关键点的方向。

创建一个关键点的描述，首先计算关键点附近每个图像采样点的梯度幅值和方向。如图 5.4（a）所示，其中箭头方向代表该关键点的梯度方向，箭头长度表示梯度的模值。以关键点作为中心，选取 8×8 的窗口。黑色的圆表示高斯覆盖窗口，对该窗口内的所有关键点的方向加权平均。然后，将 4 个 4×4 子区域样本的方向累积到方向直方图，如图 5.4（b）所示，其中每个箭头的长度对应该区域内靠近该方向的梯度值总和。最后，由一个 8×8 的样本集得到一个 2×2 的描述符数组，每个关键点特征用 $2\times2\times8$ 即 32 维特征向量描述。Lowe 的实验在关键点周围选用 16×16 的窗口大小，将区域划分为 4 个 8×8 的子区域进行方向累积，最后证明得出每个关键点特征用 $4\times4\times8$ 即 128 维特征向量描述最佳。

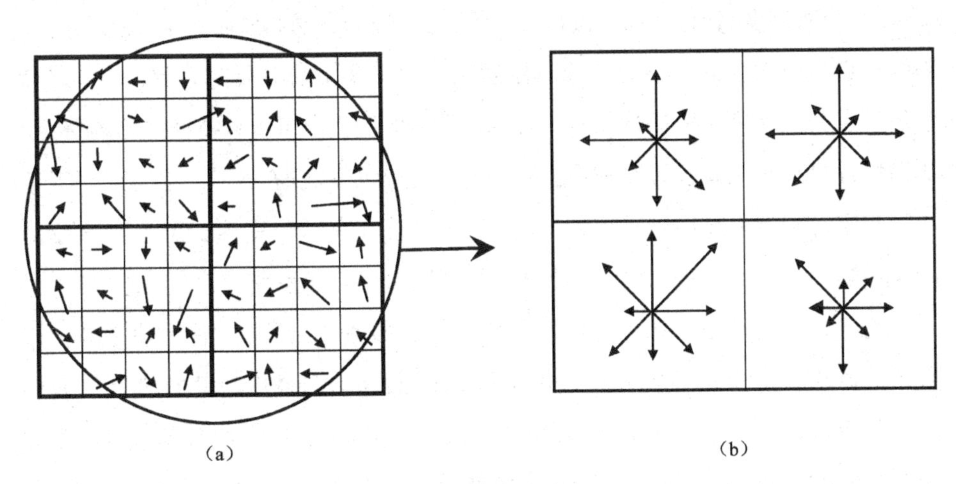

图 5.4 在关键点 8×8 邻域窗口的 4 个子区域中，对梯度方向高斯加权，每块最终选取 8 个方向，生成 $2\times2\times8$ 维特征向量，作为中心关键点的特征描述

SIFT特征点匹配是通过计算两帧图像上两组特征的128维向量的欧几里得距离来实现的。欧几里得距离值越小，特征点匹配度越高。

加速鲁棒特征（Speed Up Robust Feature，SURF）与SIFT相近，是SIFT特征匹配的优化算法，在不降低检测点质量的情况下SURF算法具有更快的计算速度和更加安全的鲁棒性。

2）ORB特征点匹配

2011年，Rublee等人提出将FAST（Features Accelerated Segment Test）算法和BRIEF（Binary Robust Independent Elementary Features）算法相结合，并对其进行改进以提高性能，称为ORB（Oriented FAST and Rotated BRIEF）算法。ORB算法是具有旋转不变性、基本不受噪声影响的特征提取和匹配算法。BRIEF算法相比SIFT算法的优势在于其具有更小的复杂度，并且匹配性能与SIFT算法接近。ORB算法与SIFT算法具有相似的匹配性能，但是在计算速度上，ORB算法是SIFT算法的100倍，是SURF算法的10倍，因而在实时性应用上，ORB算法比SIFT算法和SURF算法具有更大的优势。

（1）特征提取。ORB算法的特征提取算法是对FAST算法的改进，称为OFAST（FAST Keypoint Orientation）算法。FAST算法将特征点定义为与该点周围足够多像素点处于不同区域的像素点，即灰度图像中灰度值与其周围足够多像素点的灰度值不同的像素点。FAST算法是基于图像角点特征的检测算法，其提取效果较好，且在计算速度上比其他特征提取算法快很多，但是FAST算法不产生尺度特征，并且不计算方向，从而失去了旋转不变性。OFAST算法对FAST算法提取的特征加入方向计算，使其能保证旋转不变性。

第一，采用FAST算法初步提取特征点。如图5.5所示，首先在图像上选取一像素点p，根据该像素点的像素值$\boldsymbol{I}_p$及其周围像素点的像素值$\boldsymbol{I}_x$来判断该点是不是特征点。然后，确定一个阈值ε_d。以该像素点p为圆心，以半径为3个像素点作圆，圆周上有16个像素点。如果在圆周上的16个像素点中，有连续n个像素点的像素值$\boldsymbol{I}_x$都满足$\boldsymbol{I}_x > \boldsymbol{I}_p + \varepsilon_d$或者$\boldsymbol{I}_x < \boldsymbol{I}_p - \varepsilon_d$，即有连续

n个像素点比中心点都亮或者都暗，则该中心点为特征点，一般n取 9 或者 12，$n=9$时特征提取效果最好。

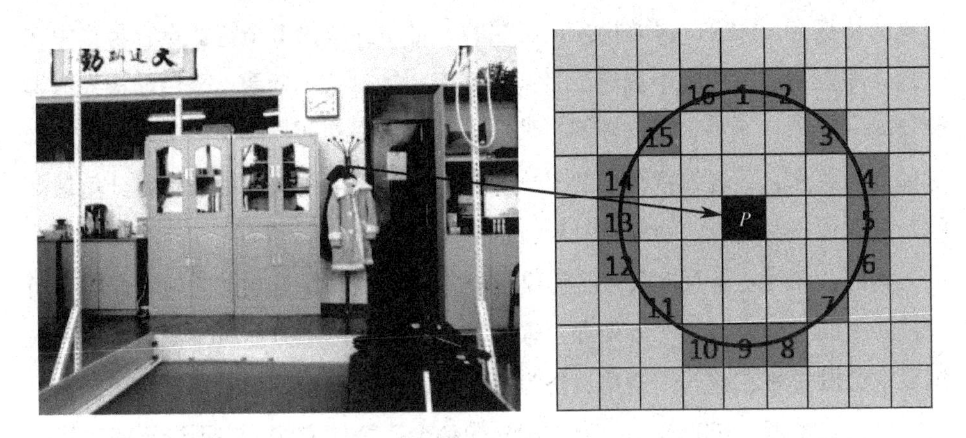

图 5.5　FAST 特征提取示意

为了提高效率，不必遍历像素点p邻域圆上的所有像素点，而通过检测位置 1、位置 9、位置 5 和位置 13 上的像素点来确定p是否为特征点，位置如图 5.5 所示。

首先，检测位置 1 和位置 9 的像素点，如果它们的像素值$\boldsymbol{I}_x$都满足$\boldsymbol{I}_x > \boldsymbol{I}_p + \varepsilon_d$或者$\boldsymbol{I}_x < \boldsymbol{I}_p - \varepsilon_d$，则当作候选特征点，等待进一步检测；否则，$p$点不是特征点，直接剔除该点。如果该像素点是候选特征点，进一步检测位置 5 和位置 13 上的像素点。如果上述 4 个像素点，至少有 3 个像素点的像素值$\boldsymbol{I}_x$满足$\boldsymbol{I}_x > \boldsymbol{I}_p + \varepsilon_d$或者$\boldsymbol{I}_x < \boldsymbol{I}_p - \varepsilon_d$，则该圆心点$p$是特征点。

第二，机器学习算法选取最优特征点。上述特征提取算法的不足在于当n<12 时，无法使用快速 4 点算法过滤掉错误的角点。此外，算法效率取决于角点的分布，检测到的角点并非最优，而且在算法中也没有保留对角点的分析结果。为解决这些问题，可采用机器学习方法作为角点检测分类器。第一步与 FAST 算法类似，选取 4 个位置的像素点，来确定中心点是否为特征点。将提取到的特征点作为训练数据集，为每个特征点设定一个布尔类型变量K_p，若K_p为真，则该点是角点，否则不是。第二步对第一步得到的特征点集进行训练，使用 ID^3 算法（决策树分类器）建立决策树，对所有子集递归计

算直到 K_p 的熵为 0。

第三，采用非极大值抑制（Non-Maximal Suppression）方法去除局部比较密集的特征点。FAST 提取特征点方法的不足是提取的多个特征点容易集中在一起，即在相邻的位置中提取了多个特征点。针对这个问题，采用非极大值抑制方法来解决。为每个提取到的特征点 p 计算该点和它周围 16 个像素点的绝对偏差的总和 V。若该特征点的得分值 V 是其邻域内所有特征点中得分值最高的，则保留该特征点，否则抑制该特征点。

第四，Harris 角点提取算法解决 FAST 算法受边缘影响大的问题。对于所有提取出的特征点，进一步处理，采用 Harris 角点检测方法对特征点排序，根据要求提取排序在前的一些角点作为特征点。

第五，参考 SIFT 算法，通过建立图像金字塔的方法，在不同尺度图像中提取特征点，以此来满足特征点的尺度不变性。

第六，使用矩（Moment）的方法，计算位于中心角点的邻域块的强度加权质心，为每个特征点计算方向，以解决 BRIEF 算法的旋转不变性。选取以特征点为中心、半径为 r 的邻域范围作为一个图像块，对其求质心，则特征点坐标到质心坐标的方向向量即该特征点的方向。

块的矩定义如下：

$$m_{pq} = \sum_{x,y \in r} x^p y^q \boldsymbol{I}(x,y) \tag{5.23}$$

式中，$\boldsymbol{I}(x,y)$ 表示特征点邻域像素点 (x,y) 的像素值。

根据矩，计算质心：

$$C = (\frac{m_{10}}{m_{00}}, \frac{m_{01}}{m_{00}}) \tag{5.24}$$

构建角点到质心的向量，即角点的方向：

$$\theta = \arctan(m_{01} / m_{10}) \tag{5.25}$$

（2）特征描述符。BRIEF 算法速度优势相当明显，但是其对噪声敏感，且不具有尺度不变性。为了解决这两个问题，ORB 算法对 BRIEF 算法做了改进，在提高抗噪能力的同时，使其能保证特征尺度不变性。

BRIEF 特征描述符是一组二进制编码的位串描述。由于原始图像存在大量噪声，首先对图像进行高斯滤波，去除部分噪声；然后以特征点为中心，选取 $S \times S$ 的像素邻域窗口，一般 S 取 31；最后在 $S \times S$ 的大邻域窗口中随机选取两个 5×5 的小窗口，通过积分图像比较两个子窗口内的像素和，进行二进制赋值。对每个平滑图像块 p 进行二进制赋值的公式为：

$$\tau(p;x,y)=\begin{cases}1: p(x)<p(y)\\0: p(x)\geqslant p(y)\end{cases} \tag{5.26}$$

式中，$p(x)$ 和 $p(y)$ 分别表示像素点 x 和 y 所处的 5×5 小窗口的像素和。在大邻域图像窗口中随机选择 n 对子窗口，即 n 个测试点对，一般 n 为 256，分别对其进行二进制赋值，形成一个 n 位二进制编码，即该特征点的描述。特征点的匹配根据特征点描述的海明距离即可实现。

rBRIEF 特征描述符在 BRIEF 特征描述符的基础上增加了旋转因子，让特征点的邻域旋转一个角度 θ，θ 是特征提取中求得的特征点方向，以此实现特征的尺度不变性。由于整体旋转一个邻域图像块的消耗比较大，可以通过旋转邻域中的匹配点 x_i 和 y_i 以提高效率。对每个位置 (x_i, y_i) 像素点的 n 位特征描述，定义一个 $2 \times n$ 的矩阵 $\boldsymbol{S}$ 来表示这些像素点的坐标：

$$\boldsymbol{S}=\begin{pmatrix}x_1 x_2 \cdots x_n\\y_1 y_2 \cdots y_n\end{pmatrix} \tag{5.27}$$

首先，根据特征点方向 θ 组成的旋转矩阵 $\boldsymbol{R}_\theta$ 旋转 $\boldsymbol{S}$ 得到 $\boldsymbol{S}_\theta$：

$$\boldsymbol{S}_\theta=\boldsymbol{R}_\theta \boldsymbol{S} \tag{5.28}$$

然后，用 $\boldsymbol{S}_\theta$ 中的点集计算特征描述符。ORB 算法将该角度离散为 2π/30（12°）增量表示，并构建一个预先计算的 BRIEF 算法的查找表。只要关键点方向 θ 是一致的，$\boldsymbol{S}_\theta$ 就可以被用来计算特征描述符。

BRIEF 算法有一个重要的特性是每个位特征有很大差异，并且均值接近 0.5。但是，一旦朝向关键点方向，这个特性就会消失，并且特征更加分散。由于对输入会产生不同的影响，较高方差会使特征更加容易分辨。因为每个测试都会对测试结果产生影响，BRIEF 算法的另一个重要特性是使测试不相关。考虑到这些问题，ORB 算法在所有可能的二进制测试中进行贪婪搜索，找到具有高方差的、平均接近 0.5 的、不相关的特征描述。

图 5.6 为 ORB 算法特征点匹配示意图，从图中可以看出特征点匹配效果较

好，但是仍有少数错误匹配点。因此，对于提取的特征还需要进行筛选，剔除错误特征点，以获得准确的运动估计，运动估计过程优化参见 5.5 节。

图 5.6　ORB 特征点匹配示意图

5.4.2　运动估计

运动估计是确定能够描述一个 2D 图像变换到另一个 2D 图像的运动矢量的过程，既可以用 2D 运动模型来描述，也可以用 3D 运动模型来描述。其中，2D 运动估计是视频处理系统的基础，是运动估计很重要的一部分。在获取图像匹配特征点之后，假设 (x, y) 是参考帧上的一点，当前帧上与其匹配的特征点为 (x', y')，匹配的特征点对之间存在一个 2D 变换关系，根据匹配的特征点对可以进行 2D 运动估计。通常，2D 运动估计参数是 3D 结构和运动估计的前提。2D 平面变换常用的主要有仿射变换和透视变换。

仿射变换是一个非奇异线性变换和一个平移变换的结合，其本质是在一个特定角的两个垂直方向上进行缩放。仿射变换的一个重要特性是保持平行线不变，即原图中平行线在经过仿射变换后的图像上依然保持平行。此外，仿射变换还有平行线段的长度比和面积两个不变量。

透视变换也被称为射影变换或者单应性变换，是仿射变换和投影变形的结合。透视变换能够描述相机的平移运动、旋转运动、水平面或垂直面上的扫动、缩放运动等，是仿射变换的一种推广。经过透视变换后的图像大小、形状都与参考图像不一样，也不会像仿射变换一样保持所有的平行线。

透视变换模型可以更一般地描述相机的运动，具有 8 个自由度，需要 2 个图像上的 4 组对应点才可以算出。

在进行运动估计的时候，估计的参数越多即模型的自由度越高，运动估计结果越精准，也可以使稳像的效果越好。但同时，由于要估计的参数较多，相应的计算复杂度也较高，对算法要求也更高。透视变换模型需要估计 8 个参数，而仿射变换模型只需要估计 6 个参数，并且仿射变换可以保存图像中的平行线特性和比例，所以为了在保证视频稳像效果的同时也能保证稳像的实时性，2D 运动估计一般使用仿射变换进行。

5.5　运动估计过程优化

随机采样一致（RANdom SAmple Consensus，RANSAC）算法可以对匹配点进行提纯，其实现过程简单，且性能较好。给定的由 N 个包括噪声点在内的数据点组成的集合 P 作为观测数据，假设集合中大多数点都可以通过一个模型得到，且最少通过 $n(n<N)$ 个点可以拟合出模型的参数，其中不符合参数模型的噪声点被称为外点。RANSAC 算法通过反复迭代，寻找最大一致性集满足的最优模型，以此实现剔除外点的目的。首先从数据点集合 P 中随机选择 n 个数据点，拟合出一个模型 M。计算剩余各点与模型之间的距离，距离满足阈值要求的点称为内点，距离超过设定阈值的则认为是外点。记录模型 M 所有内点的数量。反复迭代，内点数量最大时的模型 M 即作为估计的最优模型，一般内点占所有数据点的比例大于 95%即可。

本书采用基础矩阵 $\boldsymbol{F}$ 作为评价标准来反映目标的平移、旋转和缩放，即采用基础矩阵表达两图像的对极几何关系。

如图 5.7 所示，两相机光心 O_1 O_r 连线称为基线，两光心 O_1 O_r 与物点 P 组成的平面 π 称为对极平面。L_1、L_r 为极线，是图像平面与对极平面 π 的交线。2D 匹配的特征点间有极线约束关系，也就是对于图像平面 L_1 上任意一点 p，其图像平面上的匹配点 p' 位于极线 L_r 上；同理，图像平面上任意一点 p'，其图像平面上的匹配点 p 位于极线 L_1 上，此关系为对极几何关系。

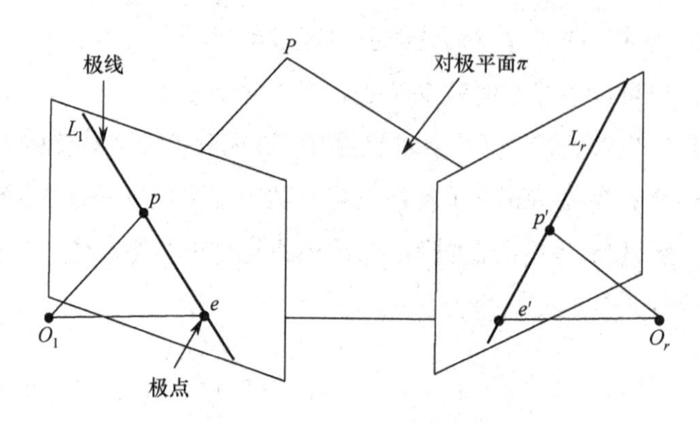

图 5.7 平面对极几何模型

两帧图像对极几何约束可用图像间基础矩阵 $\boldsymbol{F}$ 描述，其两图像上的匹配点满足：

$$p'^{\mathrm{T}}\boldsymbol{F}p=0 \tag{5.29}$$

式中，$\boldsymbol{F}$ 表示 3×3 的矩阵：

$$\boldsymbol{F}=\begin{bmatrix} f_{11} & f_{12} & f_{13} \\ f_{21} & f_{22} & f_{23} \\ f_{31} & f_{32} & f_{33} \end{bmatrix} \tag{5.30}$$

用 8 点法求解出基础矩阵，即 8 对匹配点 p、p'：

$$\begin{cases} p=(x,y,1)^{\mathrm{T}} \\ p'=(x',y',1)^{\mathrm{T}} \end{cases} \tag{5.31}$$

$$x'xf_{11}+x'yf_{12}+x'f_{13}+y'xf_{21}+y'yf_{22}+y'f_{23}+xf_{31}+yf_{32}+f_{33}=0 \tag{5.32}$$

计算出基础矩阵 $\boldsymbol{F}$ 后，利用 $\boldsymbol{F}$ 计算出 8 对点集 p 对应的点集 p''，计算出 ORB 特征匹配点集 p' 与利用 $\boldsymbol{F}$ 估计的匹配点集 p'' 的差值平方的中值（Median）。根据 p' 与 p'' 的欧几里得距离判断 p 是否为内点，若该距离小于 2.5 倍所求的误差标准偏差，即可认为 p 为内点（inliers），否则为外点（outliers），公式为：

$$p=\begin{cases} \text{inliers}，|d|\leqslant 2.5\sigma \\ \text{outliners}，其他 \end{cases} \tag{5.33}$$

当待检验样本的数量为 n，计算模型参数需要的数据量为 m 时，满足 $n \geqslant 2m$ 条件的误差标准偏差函数 σ 公式为：

$$\sigma = 1.4826\left(1+\frac{5}{n-m}\right)\sqrt{\text{Median}} \tag{5.34}$$

将上述 ORB 特征匹配的特征点进一步提纯，剔除匹配错误的外点，如图 5.8 所示。可对提纯后的 2D 点云进行球面投影，获得 3D 球面点云。

图 5.8　外点去除

RANSAC 算法在理论上可以排除外点的干扰，并计算出最优模型；但内点和外点的判定是完全根据设定好的阈值来判断的，如果对模型的实际意义不清楚，就很难设定合适的阈值，迭代次数也只能在运行完成后才能得到。

另外一种类似的算法是随机参数估计（LMedS）算法。与 RANSAC 算法不同的是，LMedS 算法采用所有样本模型的偏差中值，这样可以不用像 RANSAC 算法一样设定阈值来区分内点和外点。

在进行全局运动估计的过程中，在现实生活中经常会出现摄像场景中有运动物体出现的情况。当摄像场景中有运动物体出现，且与相机运动方向不一致时，体现在图像上的运动称为局部运动。局部运动的出现会影响全局运动估计，如果特征点对选取在局部运动上，则该点对不能代表全局运动，否则在进行全局运动估计时会产生较大误差。如图 5.9 所示，图像中人的运动方向与相机的运动方向差异较大，如果特征点对选取在运动中的人身上，那么会使全局运动估计产生较大的误差。为了抑制误差，需要对场景进行前背景分割，尽量在背景上进行特征点匹配；但当运动物体较大或者局部运动物体较多时，则不利于前背景分割。如图 5.10 所示，场景中有多个局部运动物体，且运动方向各不相同，这会对特征点对选取造成极大的干扰，不利于全局运动估计。

图 5.9 场景中有单个局部运动物体的密集光流

图 5.10 场景中多个局部运动的密集光流

研究光流场的目的是从图像序列中近似得到不能直接得到的运动场。运动场是物体在 3D 世界中的运动，而光流场是运动场在 2D 图像平面中的映射。光流场是矢量场，其中每个矢量对应两帧之间像素的可见位移 (u, v)。当构建光流场时，选择计算帧内每个像素的位移，得到的光流场被认为是密集光流场；计算选择几个像素的位移，得到的光流场是稀疏光流场。密集光流场可以通过跟踪图像中的每个像素，保证覆盖所有像素移动。当场景内出现局部运动时，该部分光流的方向和大小不同于背景光流的大小和方向，基于此，将密集光流可视化即可将前背景进行分割。本书根据孟塞尔颜色系统进行密集光流可视化。

图5.11中南北轴表示明度，从全黑（0）到全白（10）；经度表示色相，把一周均分为5种色调和5种中间色调，标注为：红色、橙色、黄色、黄绿色、绿色、青绿色、蓝色、蓝紫色、紫色、紫红色；轴距表示色调纯度。在可视化的光流图中，不同颜色表示不同运动方向，颜色的深浅表示运动的快慢。颜色直方图可以直观地显示图像在色彩空间中的分布，首先将RGB（Red，R，红色；Green，G，绿色；Blue，B，蓝色）空间的图像转换到HSV（Hue，H，色调；Saturation，S，饱和度；Value，V，明度）空间，以色调（H）和饱和度（S）建立2D颜色直方图。色调和饱和度均被分为8个等级，计算色调分量落在每级内的像素，选取数量占最大的前m级，计算在该级下饱和度分量占比重最大的前n级。将计算出的色调分量前m级、饱和度分量的前n级对应的HSV转换为RGB。用R、G分量的范围作为颜色分割的阈值，建立前背景分割的掩码。

$$M(p)=\begin{cases}1, & R(p)\in(R\text{-min}, R\text{-max})\cap(G\text{-min}, G\text{-max})\\0, & R(p)>245\cap G(p)>245\cap B(p)>245\\0, & \text{其他}\end{cases} \tag{5.35}$$

式中，$R(p)$、$G(p)$表示可视化密集光流图中对应点p像素的R、G分量。满足分割阈值的编码设为1，其余的设为0。这样可以将前背景进行分割。

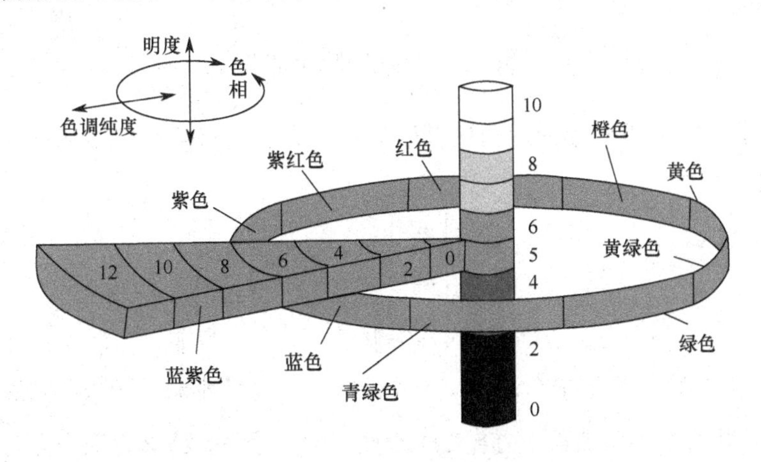

图5.11　孟塞尔颜色系统

图 5.12（a）、图 5.12（b）为连续两帧图像，图 5.12（c）为其密集光流，以间隔 10 个像素来描述像素点的光流，图 5.12（d）是将密集光流图按照孟塞尔颜色系统密集光流可视化的效果。

（a）第 35 帧

（b）第 36 帧

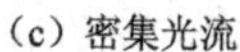

（c）密集光流

（d）可视化光流

图 5.12　帧间光流及可视化

基于最短生成路径的运动矢量聚类，计算连续两帧匹配特征点对的矢量 $\boldsymbol{M}_i$、$\boldsymbol{M}_j$：

$$\boldsymbol{M}_i \in \begin{bmatrix} m_i^x \\ m_i^y \end{bmatrix},\ i=1, 2, \cdots,\ n \tag{5.36}$$

$$m_i^x = \left\| p_i^x - p_i^{x'} \right\|,\ m_i^y = \left\| p_i^y - p_i^{y'} \right\| \tag{5.37}$$

式中，n 表示特征点对个数；$(p_i^x,\ p_i^y)$ 和 $(p_i^{x'},\ p_i^{y'})$ 分别表示相邻两帧的特征点对坐标。将每个点对的矢量看作 2D 空间中的一个点，那么每两个点对之间的距离可用欧几里得距离来计算：

$$d(\boldsymbol{M}_i,\ \boldsymbol{M}_j) = \left\| \boldsymbol{M}_i - \boldsymbol{M}_j \right\|^2,\ \forall j \neq i \tag{5.38}$$

从中筛选出距离最短的两个点作为最优路径 D 的两个端点，并通过边来连接：

$$\underset{\forall j \neq i}{\arg\min}\, d(\boldsymbol{M}_i,\ \boldsymbol{M}_j) \tag{5.39}$$

然后从剩余的点中分别查找距离路径 D 两个端点 $\boldsymbol{M}_i$、$\boldsymbol{M}_j$ 最近的点 $\boldsymbol{M}_a,\ \boldsymbol{M}_b \notin D,\ \forall a \neq b$：

$$\begin{aligned} d_a &= \arg\min_{k \notin D}(\boldsymbol{M}_i,\ \boldsymbol{M}_k) \\ d_b &= \arg\min_{k \notin D}(\boldsymbol{M}_j,\ \boldsymbol{M}_k) \end{aligned} \tag{5.40}$$

当距离 $d_a < d_b$ 时，点 $\boldsymbol{M}_a$ 添加到路径 D 中，并通过边来连接 $\boldsymbol{M}_a$ 和 $\boldsymbol{M}_i$；否则将点 $\boldsymbol{M}_b$ 添加到路径 D 中，并连接 $\boldsymbol{M}_b$ 和 $\boldsymbol{M}_j$：

$$D \in \begin{cases} \boldsymbol{M}_a, d_a < d_b \\ \boldsymbol{M}_b, d_a > d_b \end{cases} \tag{5.41}$$

接下来，按照上述方法将剩下的所有点依次添加到路径 D 中。为了对路径 D 进行分类，首先计算路径 D 中相邻两点之间的平均距离：

$$d_m = \frac{1}{n-1}\sum_{i=2}^{n}\left\| \boldsymbol{M}_{i-1} - \boldsymbol{M}_i \right\|^2 \tag{5.42}$$

$\boldsymbol{M}_{i-1}$、$\boldsymbol{M}_i$ 是边的两个顶点，当路径 D 中两点的距离大于平均距离 d_m 加上经验值 ε 时，移除连接两个点的边，即将路径 D 分割成两个路径，如图 5.13 所示。

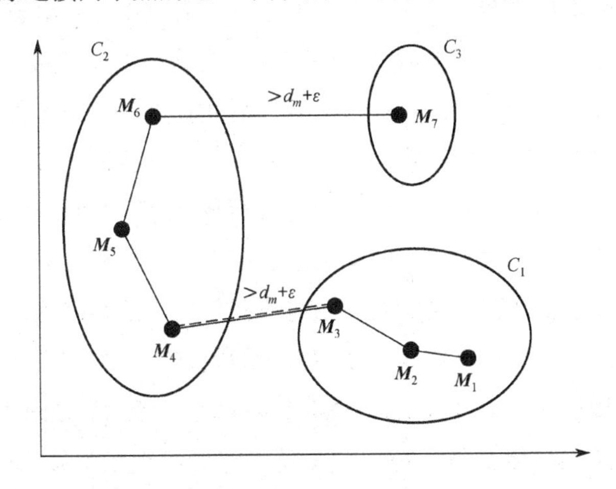

图 5.13 点集划分示意

这样可以将原始点集分割成多个集合 C_s，$s=1, 2, \cdots, H$，H 为集合的个数，即：

$$C_s=\begin{cases}\notin \boldsymbol{M}_i, \ \left\|\boldsymbol{M}_{i-1}-\boldsymbol{M}_i\right\|^2>(d_m+\varepsilon)\\ \in \boldsymbol{M}_i, \ \left\|\boldsymbol{M}_{i-1}-\boldsymbol{M}_i\right\|^2<(d_m+\varepsilon)\end{cases} \tag{5.43}$$

在对每个集合进行区分后，选择包含特征点最多的集合，因为它具有包含全局运动矢量的最高概率。

5.6 基于多传感器融合的运动估计方法讨论

5.6.1 时间同步

基于单一视觉传感器的电子稳像技术无法避免因缺少特征或图像不清晰造成的无法准确估计运动的问题，而惯性传感器不受图像特征影响，能实时估计姿态。目前，电子稳像领域的许多学者结合惯性传感器（IMU）和相机（Camera）来实现稳像，这样便需要对惯性传感器与相机进行标定，以达到同步获取运动信息的目的。但对于不同传感器，它们的起始时间、采样频率，以及传输过程中产生的延迟都不尽相同。而不同传感器在同一时刻采集的数据也并不是同步的。那么，不同传感器之间的时间同步就成了关键问题。时间同步是对多传感器之间的数据关系进行相应的匹配，主要分为 4 种类型：第 1 种是对相同传感器的不同目标数据进行时间同步；第 2 种是对相同传感器的同一目标数据进行时间同步；第 3 种是对不同传感器的不同目标数据进行时间同步；第 4 种是对不同传感器的相同目标数据进行时间同步。下面主要介绍对惯性传感器与相机进行时间同步，也就是第 4 种类型——对不同传感器的相同目标数据进行时间同步，最终达到通过惯性传感器反馈相机运动状态的目的。

由于惯性传感器与相机输出的数据是随机产生的离散数据，主要根据发生运动姿态的抖动分量获得，所以这里选用牛顿插值法对惯性传感器与相机的异步数据进行插值，再通过最小误差匹配对特定运动模型下的数据进行时间同步。插值法根据数据本身的特点选定插值函数，在某段区间上对没有数据的位置通过插值函数进行插值。如果这个插值函数是多项式，又称其为插值多项式。其基本思想是通过插值多项式逼近原函数，进而得到一个与研究对象近似的值。

设惯性传感器的频率为 N_i，相机的频率为 N_c，d 为 N_i 和 N_c 的最大公约数。b 为 N_i 和 N_c 的最小公倍数。则两个传感器扩展后的频率应满足 $b = N_i N_c / d$，如图 5.14 所示。

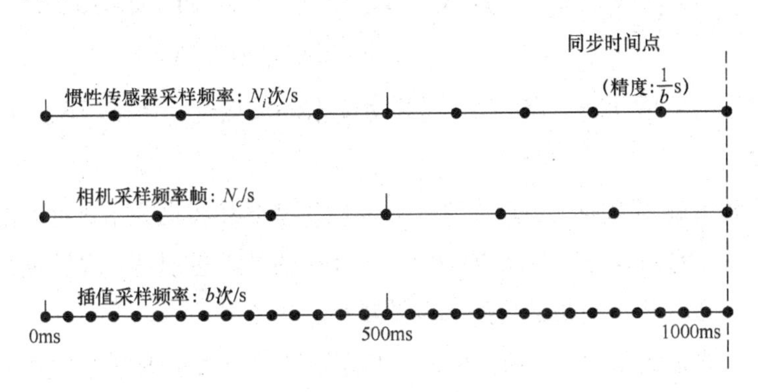

图 5.14 惯性传感器与相机插值采样频率示意

设扩展后惯性传感器的插值采样频率范围为 $\boldsymbol{x}_i = \{x_{i1} \ \ x_{i2} \ \ x_{i3} \ \ \cdots \ \ x_{in}\}$，相机的插值采样频率范围为 $\boldsymbol{x}_c = \{x_{c1} \ \ x_{c2} \ \ x_{c3} \ \ \cdots \ \ x_{cn}\}$，集合 x_i 与 x_c 的元素个数相同且相邻元素间隔大小相同。设 x_i 与 x_c 为自变量，则在这些扩展的点集上，自变量没有对应的因变量，故此利用牛顿插值的方法在扩展后的自变量位置上进行插值。

牛顿插值法的思想是在商差的基础上，计算定义在每段单位区间上的变化率，其插值多项式为：

$$\begin{aligned} p_n(x) = & f(x_0) + f[x_0,\ x_1](x - x_0) + f[x_0,\ x_1,\ x_2](x - x_0)(x - x_1) + \cdots + \\ & f[x_0,\ x_1,\ \cdots,\ x_n](x - x_0)(x - x_1)\cdots(x - x_{n-1}) \end{aligned} \tag{5.44}$$

已知差分性质是根据离散点上的函数值来逼近导数，其方法主要分为 3 种：向前差分、向后差分、中心差分。无论是对惯性传感器，还是对相机都是根据前后输出区间的数据对这个区间内的扩展点集进行插值，因此本书选用中心差分法。

$$\Delta y = f(x+\frac{1}{2}\Delta x) - f(x-\frac{1}{2}\Delta x) \tag{5.45}$$

在这里 Δy 为一阶差分，对其再进行差分便可得到二阶差分 $\Delta^2 y$ ，即：

$$\Delta^2 y = f(x+2\Delta x) - 2f(x+\Delta x) + f(x) \tag{5.46}$$

递推可知，$n-1$阶差分的差分为：

$$\Delta^n y = \Delta(\Delta^{n-1} y) \tag{5.47}$$

由插值自变量与因变量的对应关系可知 $p_n(x_0) = f(x_0) = y_0$ ，$p_n(x_1) = y_1$ 可得 $f[x_0, x_1] = (y_1 - y_0)/(x_1 - x_0) = \Delta y_0 / h$ ，即差商与差分的关系如下：

$$f[x_0, x_1, \cdots, x_n] = \Delta^n y_0 /(n!h^n) \tag{5.48}$$

这样在之后增加新节点，都只需要对新增的节点进行计算，不仅计算量小，而且精度高。

然后利用最小二乘法的基本原理对惯性传感器和相机数据进行匹配，找到 IMU-Camera 的精确触发时间点。最小二乘法的基本思想是计算数据与数据之间最小平方和，并找到匹配数据中误差最小的平方和。

设超定方程组如式（5.49）所列，其未知数的个数小于方程个数。

$$\sum_{j=1}^{n} x_{ij}\alpha_j = y_i, (i=1, 2, 3, \cdots, m) \tag{5.49}$$

式中，m 表示不等式的个数；n 表示未知数的个数，$m > n$ ，用矢量表示为：

$$\boldsymbol{x} = \begin{bmatrix} x_{11} & x_{12} & \cdots & x_{1n} \\ x_{21} & x_{22} & \cdots & x_{2n} \\ \vdots & \vdots & & \vdots \\ x_{m1} & x_{m2} & \cdots & x_{mn} \end{bmatrix}, \ \boldsymbol{\alpha} = \begin{bmatrix} \alpha_1 \\ \alpha_2 \\ \vdots \\ \alpha_n \end{bmatrix}, \ \boldsymbol{y} = \begin{bmatrix} y_1 \\ y_2 \\ \vdots \\ y_n \end{bmatrix} \tag{5.50}$$

若使式（5.51）的偏差平方和 δ 最小，则称未知数 x 的解为最佳近似解，又称最小二乘解。

$$\delta = \sum_{i=1}^{m} (f(x_i) - y_i)^2 \tag{5.51}$$

首先，将惯性传感器和相机固定在一起，根据 IMU-Camera 标定算法对惯性传感器和相机进行相对位姿标定，再把相对位姿标定好的两个传感器放置在一个静止的平台上。其次，启动两个传感器同时进行捕捉，相机捕捉不同姿态的图像；与此同时，惯性传感器采集同一时刻的陀螺仪信息。静止一段时间后，同时移动两个传感器。通过这种方法可以得到一条惯性传感器和相机从静止到运动的轨迹，该特定运动模型如图 5.15 所示。

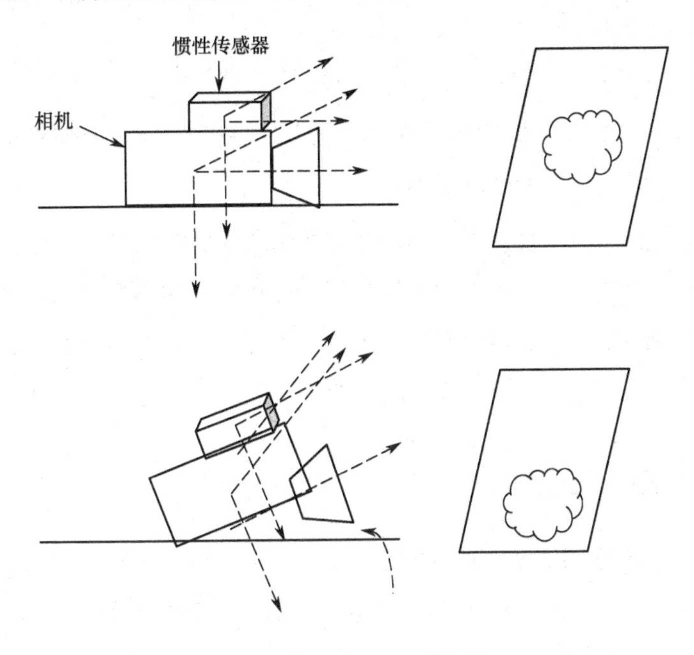

图 5.15　特定运动模型

以特定运动模型为基础，可以找到两个传感器从静止到运动时采集数据发生的变化，进而作为特征数据对传感器进行时间同步。由于惯性传感器和相机采集数据的频率是不一致的，所以需要通过牛顿插值法对惯性传感器和相机进行数据扩展。对相同频率上的惯性传感器与相机进行时间同步，将其中一个传感器从静止到运动时间内的特征数据段与另一个传感器一定范围内的特征数据段进行最小误差匹配。本书将标定在同一坐标系下的惯性传感器与相机放在特定运动模型下，以达到对特定数据段的提取作用。

已知在整个时间轴上惯性传感器与相机从静止到运动的时间点分别为 a_{ti} 与 a_{tc}。以惯性传感器 a_{ti} 为匹配模板，截取一小段以 a_{ti} 为中心点的匹配模板时间段，记为 $\left[a_{ti}-\delta,\ a_{ti}+\delta\right]$，其中 $\delta>0$ 为模板匹配段的阈值，可以根据需要自行定义其大小。在相机上取 $\left[a_{tc}-\theta,\ a_{tc}+\theta\right]$ 与模板匹配段进行匹配，其中 $\theta>\delta$。

再根据最小二乘法的思想将模板按顺序与匹配段的数据进行匹配，计算求得误差平方和最小的时间段所对应的时间。求解惯性传感器与相机同时触发的时间，用公式表示为：

$$\arg \min_{x\in[1,\ 2\theta-2\delta+1]} \sum_{i=1}^{2\delta}\left(g_i - f_{(i+x)}\right)^2 \tag{5.52}$$

式中，g_i 表示模板匹配段的数据集合；$f_{(i+x)}$ 表示匹配段的数据集合。进而求解惯性传感器和相机之间的时间误差。

利用特定运动模型解决惯性传感器与相机之间的时间同步问题，最大的优点是在特定运动模型下可以很容易地找到惯性传感器和相机之间的对应关系，不会因为在传感器运动过程中产生多峰值、多谷值而导致错误匹配。这样不仅降低了错误匹配的概率，还提高了匹配的准确度。

5.6.2 基于四元数的标定方法

假设惯性传感器各轴的运动变化分别为 v_x 、v_y 和 v_z ；则 $\Delta a_x = v_x / t$ ，$\Delta a_y = v_y / t$ ，$\Delta a_z = v_z / t$ 即为三轴加速度，它们反映了惯性传感器各轴的变化率。相机通过旋转矩阵获取标定过程中世界坐标系经过透视投影在投影平面上形成的灭点。作为三轴变化率，与惯性传感器的变化率相匹配。

采集 n 帧拍摄的棋盘格图像序列，确定相邻两帧图像之间的旋转关系。对于世界坐标系中任意一点 W ，第 i 时刻和第 j 时刻对应的相机坐标系坐标分别为 C^i、C^j ，世界坐标系与相机坐标系之间存在旋转矩阵 $\boldsymbol{R}^i$ 、$\boldsymbol{R}^j$ 和平移矢量 $\boldsymbol{t}^i$ 、$\boldsymbol{t}^j$ 。它们之间的刚体变换关系如下：

$$\begin{cases} C^i = \boldsymbol{R}^i W + \boldsymbol{t}^i \\ C^j = \boldsymbol{R}^j W + \boldsymbol{t}^j \end{cases} \tag{5.53}$$

惯性传感器三轴变化率表示为 $\{\text{IMU}_i\}$ 。相机的变化率表示为 $\{\text{CAM}_i\}$ 。设 CAM 坐标系和 IMU 坐标系各点对的坐标分别为 $\text{CAM}_i = (x_{C,i},\ y_{C,i},\ z_{C,i})$、$\text{IMU}_i = (x_{I,i},\ y_{I,i},\ z_{I,i})$，$n$ 为匹配点对的个数，一般 n 远大于 3（计算刚体变换至少需要 3 对匹配点）。根据最小二乘法，最小化目标函数应满足：

$$\arg\min_{\boldsymbol{R}} \sum_{i=1}^{N_p} \left\| \mathrm{CAM}_i - R(\mathrm{IMU}_i) \right\|^2 \tag{5.54}$$

$\boldsymbol{R}(\mathrm{IMU}_i) = \left[x_{I,i}^r \quad y_{I,i}^r \quad z_{I,i}^r \right]$为惯性坐标系通过旋转矩阵 $\boldsymbol{R}$ 转换后的坐标点。将式（5.54）中的最小化目标函数展开为：

$$\sum_{i=1}^{N_p} \left\| \mathrm{CAM}_i - R(\mathrm{IMU}_i) \right\|^2 = \sum_{i=1}^{N_p} \left\| \mathrm{CAM}_i \right\|^2 - 2\sum_{i=1}^{N_p} \mathrm{CAM}_i \boldsymbol{\cdot} R(\mathrm{IMU}_i) + \sum_{i=1}^{N_p} \left\| R(\mathrm{IMU}_i) \right\|^2 \tag{5.55}$$

其中，由于两点对间仅为刚性变换，故$\left\| \boldsymbol{R}(\mathrm{IMU}_i) \right\|^2 = \left\| \mathrm{CAM}_i \right\|^2$。则上述展开式的最小化问题变为第 2 项的最大化问题，即：

$$\arg\max_{\boldsymbol{R}} \sum_{i=1}^{N_p} \mathrm{CAM}_i \boldsymbol{\cdot} \boldsymbol{R}(\mathrm{IMU}_i) \tag{5.56}$$

已知 IMU 坐标系与 CAM 坐标系之间的旋转矩阵 $\boldsymbol{R}$ 为正交矩阵。将 IMU_i 与 $\boldsymbol{R}(\mathrm{IMU}_i)$ 的各轴坐标点转换到四元数空间，即 $\rho_{\mathrm{IMU}} = \left[0 \ x_{I,i} \ y_{I,i} \ z_{I,i} \right]$，$\rho_{R(\mathrm{IMU})} = \left[0 \quad x_{I,i}^r \quad x_{I,i}^r \quad x_{I,i}^r \right]$。根据四元数的旋转变换性质可以将 IMU_i 看作绕轴 $\varGamma$ 旋转 β 角得到 $\boldsymbol{R}(\mathrm{IMU}_i)$。则存在四元数 $\boldsymbol{q} = \left[q_0 \quad q_1 \quad q_2 \quad q_3 \right]$满足：

$$\rho_{R(\mathrm{IMU})} = \boldsymbol{q} \rho_{\mathrm{IMU}} \boldsymbol{q}^* \tag{5.57}$$

对式（5.57）进行改写：

$$\sum_{i=1}^{N_p} (\boldsymbol{q} \rho_{\mathrm{IMU}} \boldsymbol{q}^*) \boldsymbol{\cdot} \rho_{\mathrm{CAM}} = \sum_{i=1}^{N_p} (\boldsymbol{q} \rho_{\mathrm{IMU}}) \boldsymbol{\cdot} (\rho_{\mathrm{CAM}} q) \tag{5.58}$$

式中，四元数 $\boldsymbol{q}^* = [q_0 \ -q_1 \ -q_2 \ -q_3]$ 为 $\boldsymbol{q}$ 的共轭。设 $\rho_{\mathrm{CAM}} = \left[0 \ x_{C,i} \ y_{C,i} \ z_{C,i} \right]$为 CAM 坐标点的四元数表示，根据四元数乘法法则可知：

$$\rho_{\mathrm{CAM}} \boldsymbol{q} = \begin{bmatrix} 0 & -x_{C,i} & -y_{C,i} & -z_{C,i} \\ x_{C,i} & 0 & -z_{C,i} & y_{C,i} \\ y_{C,i} & -z_{C,i} & 0 & -x_{C,i} \\ z_{C,i} & y_{C,i} & x_{C,i} & 0 \end{bmatrix} \boldsymbol{q} = \bar{\boldsymbol{P}}_i \boldsymbol{q} \tag{5.59}$$

$$\boldsymbol{q} \rho_{\mathrm{IMU}} = \begin{bmatrix} 0 & -x_{I,i} & -y_{I,i} & -z_{I,i} \\ x_{I,i} & 0 & z_{I,i} & -y_{I,i} \\ y_{I,i} & -z_{I,i} & 0 & x_{I,i} \\ z_{I,i} & y_{I,i} & -x_{I,i} & 0 \end{bmatrix} \boldsymbol{q} = \bar{\boldsymbol{Q}}_i \boldsymbol{q} \tag{5.60}$$

$\bar{\boldsymbol{P}}_i$ 和 $\bar{\boldsymbol{Q}}_i$ 是正交斜对称矩阵，将式（5.59）和式（5.60）代入式（5.58）得：

$$\sum_{i=1}^{N_p}(\bar{\boldsymbol{Q}}_i\boldsymbol{q})\cdot(\bar{\boldsymbol{P}}_i\boldsymbol{q})=\boldsymbol{q}^{\mathrm{T}}\left(\sum_{i=1}^{N_p}\bar{\boldsymbol{Q}}_i^{\mathrm{T}}\bar{\boldsymbol{P}}_i\right)\boldsymbol{q}=\boldsymbol{q}^{\mathrm{T}}\boldsymbol{N}\boldsymbol{q} \tag{5.61}$$

其中，$\boldsymbol{N}=\sum_{i=1}^{N_p}\boldsymbol{N}_i$，$\boldsymbol{N}_i=\bar{\boldsymbol{Q}}_i^{\mathrm{T}}\bar{\boldsymbol{P}}_i$。定义一个矩阵$\boldsymbol{U}$：

$$\boldsymbol{U}=\sum_{i=1}^{N_p}\begin{bmatrix}x_{I,i} & y_{I,i} & z_{I,i}\end{bmatrix}^{\mathrm{T}}\begin{bmatrix}x_{C,i} & y_{C,i} & z_{C,i}\end{bmatrix} \tag{5.62}$$

矩阵$\boldsymbol{U}$为相机点和惯性传感器点的累积和，将$\boldsymbol{U}$改写为矩阵形式：

$$\boldsymbol{U}=\begin{bmatrix}S_{xx} & S_{xy} & S_{xz}\\ S_{yx} & S_{yy} & S_{yz}\\ S_{zx} & S_{zy} & S_{zz}\end{bmatrix} \tag{5.63}$$

其中，$S_{xx}=\sum_{i=1}^{N_p}x_{I,i}x_{C,i}$，$S_{xy}=\sum_{i=1}^{N_p}x_{I,i}y_{C,i}$

再根据式$\boldsymbol{N}_i=\bar{\boldsymbol{P}}_i\bar{\boldsymbol{Q}}_i^{\mathrm{T}}$，容易得到矩阵$\boldsymbol{N}$：

$$\boldsymbol{N}=\begin{bmatrix}S_{xx}+S_{yy}+S_{zz} & S_{yz}-S_{zy} & S_{zx}-S_{xz} & S_{xy}-S_{yx}\\ S_{yz}-S_{zy} & S_{xx}-S_{yy}-S_{zz} & S_{xy}+S_{yx} & S_{zx}+S_{xz}\\ S_{zx}-S_{xz} & S_{xy}+S_{yx} & -S_{xx}+S_{yy}-S_{zz} & S_{yz}+S_{zy}\\ S_{xy}-S_{yx} & S_{zx}+S_{xz} & S_{yz}+S_{zy} & -S_{xx}-S_{yy}+S_{zz}\end{bmatrix} \tag{5.64}$$

使式（5.64）中矩阵$\boldsymbol{N}$的最大特征值对应的特征向量为所求的旋转四元数$\boldsymbol{q}_{\mathrm{IMU_CAM}}$。则惯性传感器与相机之间的四元数为$\boldsymbol{q}_{\mathrm{IMU_CAM}}=[q_{r0}\quad q_{r1}\quad q_{r2}\quad q_{r3}]$。再通过四元数与旋转矩阵之间的转换公式，求出 IMU 坐标系和 CAM 坐标系之间的旋转关系$\boldsymbol{R}$：

$$\boldsymbol{R}=\begin{bmatrix}1-2{q_{r2}}^2-2{q_{r3}}^2 & 2q_{r1}q_{r2}-2q_{r0}q_{r3} & 2q_{r1}q_{r3}+2q_{r0}q_{r2}\\ 2q_{r1}q_{r2}+2q_{r0}q_{r3} & 1-2{q_{r1}}^2-2{q_{r3}}^2 & 2q_{r2}q_{r3}-2q_{r0}q_{r1}\\ 2q_{r1}q_{r3}-2q_{r0}q_{r2} & 2q_{r2}q_{r3}+2q_{r0}q_{r1} & 1-2{q_{r1}}^2-2{q_{r2}}^2\end{bmatrix} \tag{5.65}$$

5.6.3 基于神经网络的复合运动估计方法

神经网络是模仿人类大脑的一种计算机模型，是一个比传统系统执行各种计算更快的一个并行计算系统，它要解决的任务主要有模式识别和分类、近似性计算、优化和数据聚类等。神经网络可以对已有的事例进行学习，因而可以在很大程度上避免复杂的编程。神经网络中有大量神经元，每个神经元通过一个连接链路与其他神经元相连接，每个连接链路都与一个具有关于输入信号信息的权重相关联。连接的神经元之间可以相互通信。由于权重通常会激发或者抑制正在传递的信号，权重包含的信号信息就是神经元解决特定问题最有用的信息。每个神经元都有一个内部状态，称为激活信号。输入信号在按照一定的激活规则被激活后，就可以产生对应的输出信号，并传输给其他单元。应用神经网络的优势在于神经网络相对于其他算法更易使用和实现，并且可以近似回归得到任何函数，不管是线性函数还是非线性函数。在输入数据和输出数据已知的情况下，假设网络结构一定，神经网络可以通过寻找最优网络参数来逼近输入数据和输出数据之间的函数关系。

由于 IMU 坐标系与 CAM 坐标系之间存在非线性转换关系，因此，可以将 IMU-Camera 标定问题看作是从输入到输出的非线性映射问题，采用神经网络算法进行非线性预测，实现 IMU-Camera 的自主标定。把惯性传感器采集的惯性测量数据和相机姿态之间的关系看作是黑盒问题，无须考虑这个黑盒是什么形式，将惯性传感器采集的惯性测量数据作为输入数据，相机的姿态作为输出数据，经过不断学习和调整就可以确定惯性传感器和相机之间姿态变换的参数关系。确定神经网络参数后，通过惯性传感器姿态便可以直接预测相机姿态。在传统的惯性传感器和视觉传感器相结合的电子稳像中，运动估计主要是根据图像特征得到的，然后在图像特征跟踪失败时根据惯性传感器采集的数据进行预测更新。本算法将惯性传感器和相机刚性固定后，在图像特征丰富且纹理清晰的场景下采集大量数据，经过自主学习训练得到惯性传感器采集的数据和基于图像特征得到的运动估计数据之间的关系，以惯性传感器数据预测更新实现运动估计。同时，为实现实时在线更新，并使网络模型更加精确，当场景变换到新的具有丰富特征的明显纹理的场景时，引入新的特征数据和惯性传感器数据重复训练流程来更新网络模型。

标定算法框架分为离线训练和在线预测两部分，如图 5.16 和图 5.17 所示。惯性传感器加速度和角速度反映了惯性传感器三轴的角度变化，经过计算，可以得到惯性传感器的旋转。因此，输入数据采用惯性传感器采集的加速度和角速度值。首先按照图 5.16 所示进行离线标定，根据惯性传感器的加速度和角速度及基于特征估计的帧间旋转矩阵进行训练和学习，得到网络结构的最优参数，即惯性传感器数据到图像帧间旋转矩阵的变换参数，模型更新也是按照这个方式进行的。然后进行图 5.17 所示的在线预测部分，根据离线标定得到的网络参数，将其作用于惯性传感器采集的惯性数据，即可得到对应的帧间旋转矩阵。

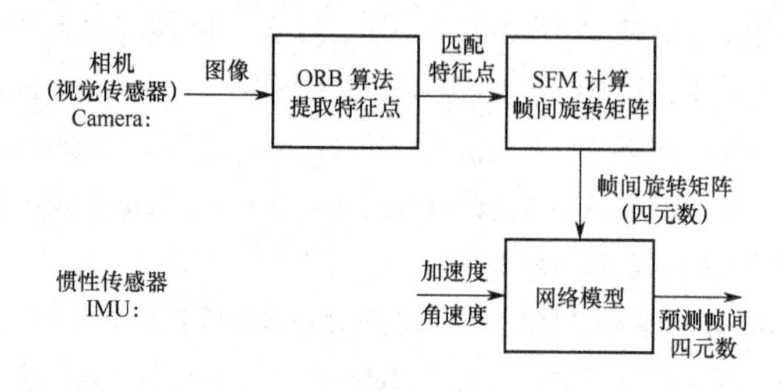

图 5.16　标定算法离线训练框架

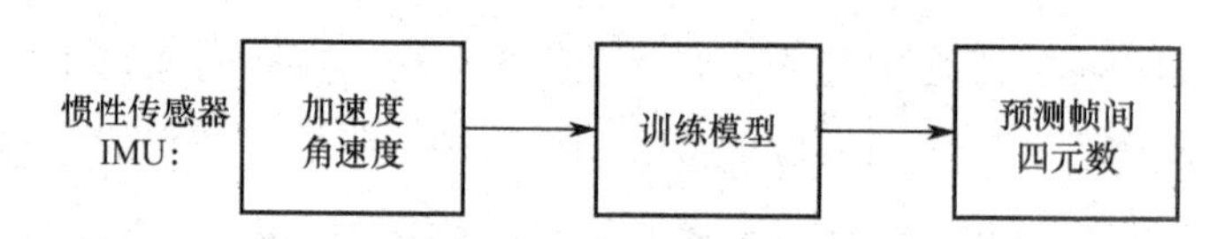

图 5.17　标定算法在线预测框架

此算法在实际应用中不需要其他硬件设备的支持，并且陀螺仪的漂移也可以在参数学习过程中得到补偿。相比已有的基于图像的算法和其他需要硬件设备支持的多传感器融合算法，具有很大优势。

对于神经网络学习，需要大量的针对不同场景的训练数据集，为弥补数据集的不足，本书提出的标定方法最终目标是实现在线实时更新标定。实时更新训练模型的部分需要在下一阶段进行更为细致的研究和实现。总体算法实现要求在离线训练一个模型后，即可使用该模型进行预测。同时，将采集的惯性传感器数据和图像数据经过数据预处理，作为补充数据集对原始模型进行更新训练。在补充更新模型的过程中，设定一个图像特征点个数阈值，以确保新的场景内特征点足够多，可以满足特征方法准确估计相机姿态的要求。如果图像特征点个数小于设定的阈值，则丢弃当前数据，避免错误数据影响模型的训练更新。如果图像特征点个数大于设定的阈值，则根据图像特征点估计的相机姿态比较准确，因而可以作为期望输出，所以当前时刻的数据可以作为补充训练数据集来更新训练模型。

BP（Back Propagation）神经网络是训练按照误差反向传播的一种前馈神经网络，可以用来实现从输入到输出的映射，并且已经被证实只有一个隐含层的三层 BP 神经网络几乎能实现任何复杂的非线性映射关系。

惯性传感器测量的三轴加速度和角速度反映了各轴角度的变化，对应图像上相邻帧特征点坐标间的变化关系，即根据多组特征点计算的帧间旋转矩阵。所以惯性传感器（IMU）到相机（Camera）的映射关系可以描述为：

$$\{\text{Frame}_{i-1},\ \text{Frame}_i\}_q = F\{\text{IMU}_{i-1}\}_{a,\omega} \tag{5.66}$$

式中，符号 F 表示 IMU 与 Camera 之间的映射关系函数；$\{\text{IMU}_{i-1}\}$ 指第 $i-1$ 组惯性传感器数据；$\{\text{IMU}_{i-1}\}_{a,\omega}$ 指三轴加速度和角速度；$\{\text{Frame}_{i-1},\ \text{Frame}_i\}$ 表示从第 $i-1$ 帧图像到第 i 帧图像的帧间变换；$\{\text{Frame}_{i-1},\ \text{Frame}_i\}_q$ 指用四元数表示的帧间 3D 旋转。

图 5.18 是用 BP 算法标定 IMU-Camera 的三层 BP 神经网络结构，有一个输入层、一个隐含层和一个输出层。输入信号是第 $i-1$ 帧图像对应的惯性传感器三轴加速度和角速度，输出信号是 $i-1 \to i$ 帧的旋转四元数，隐含层神经元则起特征检测算子的作用，在学习过程中不断刻画训练数据的特征，将输入数据非线性变换映射到期望输出。

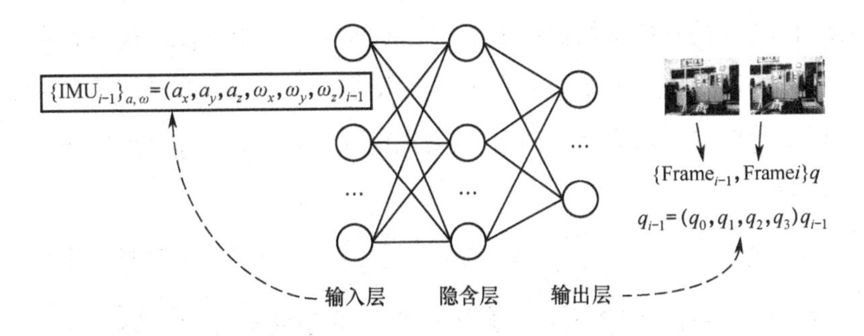

图 5.18　BP 算法标定 IMU-Camera 的三层 BP 神经网络结构

BP 神经网络包括前向传播和反向传播两个部分。前向传播是指输入信号在网络中正向一层一层传播，直到到达输出端，传播过程中网络的突触权值是保持不变的。反向传播是通过比较网络的输出和期望输出产生一个误差信号，将误差信号反向传播，不断修正网络的突触权值。记 $y_j(n)$为输出层第 j 个神经元在输入层 $x(n)$ 的刺激下产生的函数信号，其期望输出四元数第 j 个元素为 $q_j(n)$，则神经元 j 产生的误差信号为：

$$e_j(n)=q_j(n)-y_j(n) \tag{5.67}$$

采用最小均方（Least Mean Square，LMS）算法建立极小化单价函数的瞬时值。则神经元 j 的瞬时误差能量为：

$$\varepsilon_j(n)=\frac{1}{2}e_j{}^2(n) \tag{5.68}$$

整个神经网络的全部瞬时误差能量是所有输出神经元误差能量的总和，表示为：

$$\varepsilon(n)=\sum_{j\in C}\varepsilon_j(n)=\frac{1}{2}\sum_{j\in C}e_j{}^2(n) \tag{5.69}$$

式中，C 是一个集合，包含所有输出的神经元。对 N 个训练样本，它们的平均误差能量，也被称为经验风险，可描述为：

$$\varepsilon_{\text{avg}}(N)=\frac{1}{N}\sum_{n=1}^{N}\varepsilon_j(n)=\frac{1}{2N}\sum_{n=1}^{N}\sum_{j\in C}e_j{}^2(n) \tag{5.70}$$

将训练过程看作一个数字最优化问题，采用 L-M（Levenberg-Marquardt）算法，利用梯度下降法寻求函数的最大值或最小值，以找到最优参数向量，实现优化。L-M 算法是牛顿法和梯度下降法的折中。牛顿法在局部或者全局最小点附近可以快速收敛，但是也可能出现发散的情况。梯度下降法通过对步长参数的正确选择保证了收敛性，但是收敛缓慢。所以网络通过最小化代价函数进行训练，如式（5.71）所列：

$$\varepsilon_{\text{avg}}(\boldsymbol{w})=\frac{1}{2N}\sum_{n=1}^{N}\sum_{j\in C}e_j{}^2(n)=\frac{1}{2N}\sum_{n=1}^{N}\sum_{j\in C}[q_j(n)-F(x_j(n);\ \boldsymbol{w})]^2 \tag{5.71}$$

式中，$F(x_j(n);\ \boldsymbol{w})$ 是网络实现的逼近函数；$\boldsymbol{w}$ 是网络突触权值向量。对代价函数求偏导可以得到代价函数的梯度 $g(\boldsymbol{w})$ 和 Hessian 矩阵，如式（5.72）和式（5.73）所列。

$$g(\boldsymbol{w})=\frac{\partial \varepsilon_{\text{avg}}(\boldsymbol{w})}{\partial \boldsymbol{w}^2}=-\frac{1}{N}\sum_{n=1}^{N}\sum_{j\in C}[q_j(n)-F(x_j(n);\ \boldsymbol{w})]^2\frac{\partial F(x_j(n);\ \boldsymbol{w})}{\partial \boldsymbol{w}} \tag{5.72}$$

Hessian 矩阵为：

$$\begin{aligned}\boldsymbol{H}(\boldsymbol{w})=\frac{1}{N}\sum_{n=1}^{N}\sum_{j\in C}\left[\frac{\partial F(x_j(n);\ \boldsymbol{w})}{\partial \boldsymbol{w}}\right]\left[\frac{\partial F(x_j(n);\ \boldsymbol{w})}{\partial \boldsymbol{w}}\right]^{\mathrm{T}}-\\ \frac{1}{N}\sum_{n=1}^{N}\sum_{j\in C}[q_j(n)-F(x_j(n);\ \boldsymbol{w})]\frac{\partial^2 F(x_j(n);\ \boldsymbol{w})}{\partial \boldsymbol{w}}\end{aligned} \tag{5.73}$$

根据 L-M 算法，作用与参数向量 $\boldsymbol{w}$ 的最优调整量 Δw 可以描述为：

$$\Delta w=[\boldsymbol{H}(\boldsymbol{w})+\lambda \boldsymbol{I}]^{-1}g(\boldsymbol{w}) \tag{5.74}$$

式中，$\boldsymbol{I}$ 和 $\boldsymbol{H}$ 是相同维度的单位矩阵。用式（5.75）逼近 Hessian 矩阵实现非线性最小二乘估计。

$$\boldsymbol{H}(\boldsymbol{w})\approx\frac{1}{N}\sum_{n=1}^{N}\sum_{j\in C}\left[\frac{\partial F(x_j(n);\ \boldsymbol{w})}{\partial \boldsymbol{w}}\right]\left[\frac{\partial F(x_j(n);\ \boldsymbol{w})}{\partial \boldsymbol{w}}\right]^{\mathrm{T}} \tag{5.75}$$

常用的激活函数有 sigmoid 函数、tansig 函数和线性激活函数 purelin。sigmoid 函数和 tansig 函数的输入可以取任何值，但是 sigmoid 函数输出映射为 0～1，tansig 函数将输出映射为 –1～1，purelin 函数输入输出均可以取任意值。

复合运动估计是结合惯性传感器和相机运动，根据惯性传感器采集的惯性测量数据和图像实现相机姿态估计，用惯性传感器数据以避免相机无法获取图像特征而不能准确估计相机姿态的情况。

经过训练得到的网络结构模型本质上对应着惯性传感器和相机之间的转换关系，在经过训练得到网络结构模型之后，对任意时刻惯性传感器采集的惯性数据，都可以根据网络结构参数计算得到对应的相机姿态。经过训练得到的 BP 神经网络参数主要有 10×6 的隐含层权重矩阵 $\boldsymbol{w}_1$、10×1 的隐含层阈值列向量 $\boldsymbol{b}_1$、4×10 的输出层权重矩阵 $\boldsymbol{w}_2$ 和 4×1 的输出层阈值列向量 $\boldsymbol{b}_2$。

给定任意 i 时刻惯性传感器测量的加速度和角速度数据 IMU_{i-1}，经过 BP 神经网络预测，根据式（5.76）可以估计对应的 $i-1\to i$ 时刻相机姿态变换 $\text{pose}_{i-1\to i}$。

$$\text{pose}_{i-1\to i}=\text{tansig}[\boldsymbol{w}_2\times\text{tansig}(\boldsymbol{w}_1\times\text{IMU}_{i-1}+\boldsymbol{b}_1)+\boldsymbol{b}_2] \tag{5.76}$$

经过神经网络预测得到的旋转四元数 $\mathrm{pose}_{i-1\to i}$ 表示相邻帧间的旋转，因此要得到全局相对旋转，需要对帧间的相对旋转进行处理。对第一帧的相对旋转，即运动轨迹进行平滑，然后将当前帧补偿到参考帧，便可以得到稳定的视频序列。

根据式（5.76）得到 $i-1\to i$ 时刻帧间旋转四元数为 $\mathrm{pose}_{i-1\to i}$， $i\to i+1$ 时刻帧间旋转四元数为 $\mathrm{pose}_{i\to i+1}$，则表示根据四元数的基本性质和原理可以得到 $i-1\to i+1$ 时刻的全局运动 $\mathrm{pose}_{i-1\to i+1}$ 为：

$$\mathrm{pose}_{i-1\to i+1}=\mathrm{pose}_{i-1\to i}\mathrm{pose}_{i\to i+1} \tag{5.77}$$

所以 $1\to i$ 时刻的帧间全局运动 $\mathrm{pose}_{1\to i}$ 可以表示为：

$$\mathrm{pose}_{1\to i}=\mathrm{pose}_{1\to 2}\mathrm{pose}_{2\to 3}\cdots\mathrm{pose}_{i-1\to i} \tag{5.78}$$

则 i 时刻的相机姿态 $C\mathrm{Pose}_i$，即相机的运动轨迹为：

$$C\mathrm{Pose}_i=\mathrm{pose}_{1\to 2}\mathrm{pose}_{2\to 3}\cdots\mathrm{pose}_{i-1\to i} \tag{5.79}$$

第6章

运动平滑及补偿

6.1 均值滤波

6.2 高斯低通滤波

6.3 卡尔曼滤波

6.4 变分模态分解方法

6.5 运动补偿方法

6.1 均值滤波

均值滤波是最简单的低通滤波方法，其时域表示如下：

$$h[n]=\begin{cases}1/L, & n=0,1,\cdots, L-1; \\ 0, & 其他\end{cases} \tag{6.1}$$

在式（6.1）中，L 是滤波器尺寸，其频域表达式为：

$$H(\mathrm{e}^{\mathrm{j}w})=\frac{1}{L}\sum_{m=0}^{L-1}\mathrm{e}^{-\mathrm{j}wm}=\frac{1-\mathrm{e}^{-\mathrm{j}wL}}{L(1-\mathrm{e}^{-\mathrm{j}w})} \tag{6.2}$$

该滤波器具有低通特性，能够使信号的直流成分无损通过，而对于大部分高频成分，如 $\pi/2$ 则可以完全滤除。

对运动轨迹进行均值滤波，如果相机沿某方向发生主动运动，那么相邻帧间运动矢量也应该沿着该方向运动，故而对连续的几个帧间运动取平均值，即可得到相机在该帧的运动矢量。具体过程为：对连续的 L 个帧间运动矢量 $\boldsymbol{e}(i)$，计算出平均值 $\boldsymbol{E}(k)$。

$$\boldsymbol{E}(k)=\frac{1}{L}\sum_{i=k-L+1}^{k}\boldsymbol{e}(i) \tag{6.3}$$

式中，$\boldsymbol{E}(k)$ 表示相机在第 k 帧时刻的运动矢量。均值滤波对相机作匀速扫描运动时有较好的稳像效果，其关键在于滤波器尺寸 L 的选择。对于频率较大的抖动，应选取较小的滤波器尺寸，这样可以降低抖动的频率，并且可保证图像的偏差不会太大，而如果采用的滤波器尺寸较大，虽然可以更大程度地降低抖动频率，但是会导致稳像前后图像位置发生较大变化，即实际图像和观察图像之间出现较大偏差。当相机抖动频率较小时，若采用的滤波器尺寸较小，会导致抖动频率的抑制效果不明显。

均值滤波算法本身存在一定缺陷：由于 $\boldsymbol{E}(k)$ 在计算时采用的是简单的均值法，故而可能会引入一些多余的低频噪声。

6.2 高斯低通滤波

6.2.1 高斯滤波简介

高斯低通滤波是最经常使用的一种图像滤波方法，它实质上是一种信号滤波器。滤波实际上是创建一个数学模型，通过这个模型来将图像数据进行能量转化，排除能量低的图像数据，而噪声就属于低能量部分。

在一般情况下，从传感器获得的数据都是离散的，常用的图像滤波方法都是根据像素点附近邻域像素的灰度值进行相应的加权平均得到的，经此方法得到的图像边缘会相对模糊一些。不同的滤波方法这个权值大小及所加权的数据范围不同。高斯滤波函数如图 6.1 和图 6.2 所示。

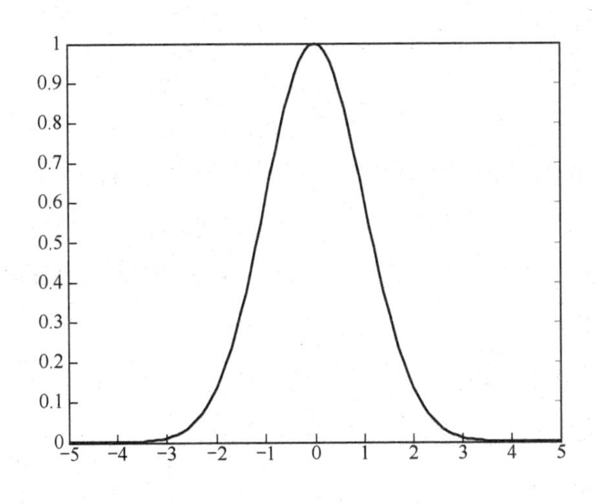

图 6.1　一维高斯分布

1. 一维高斯分布

$$h(x)=\frac{1}{2\pi\sigma^2}\mathrm{e}^{-\frac{x^2}{2\sigma^2}} \tag{6.4}$$

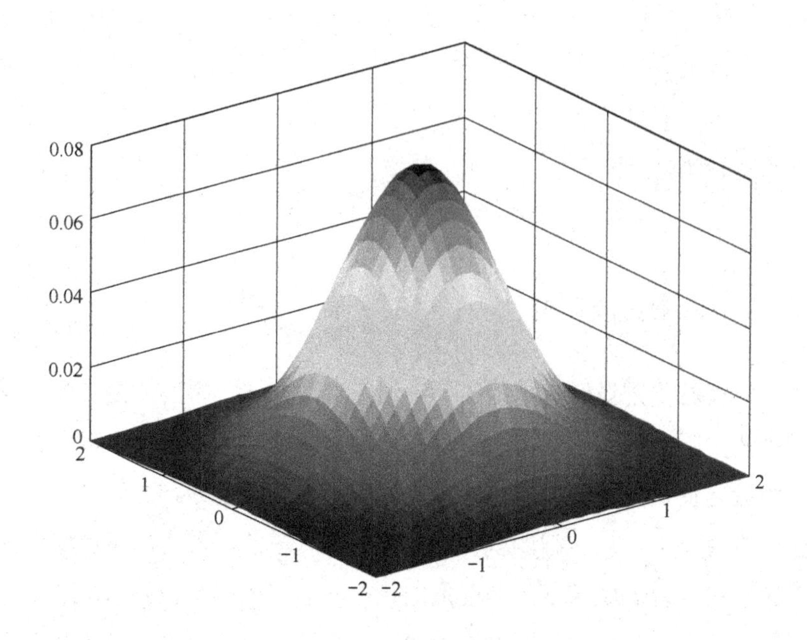

图 6.2 2D 高斯分布

2. 2D 高斯分布

$$h(x, y) = \frac{1}{2\pi\sigma^2} \mathrm{e}^{-\frac{x^2+y^2}{2\sigma^2}} \tag{6.5}$$

式中，(x, y) 表示高斯滤波模板中每个格子中的坐标值；σ 为标准方差，它的值决定了高斯函数的宽度。σ 越大，高斯滤波器的频带就越宽，平滑程度就越好。$h(x, y)$ 表示每个坐标对应的权值。该函数各向同性，其函数图像为草帽状的对称图，该曲线对整个覆盖面积求积分为 1。

高斯滤波的基本思路是：对高斯函数进行离散化，以离散点上的高斯函数值为权值，对采集到的灰度矩阵中每个像素点作一定范围邻域内的加权平均，即可有效消除高斯噪声。

6.2.2 高斯滤波性质

高斯函数具有如下几个重要的性质：

（1）2D 高斯函数具有旋转对称性，即滤波器在各个方向上的平滑程度是相同的，在滤波前无法确定一个方向比另一个方向是否需要更多平滑。旋转对称性意味着高斯平滑滤波器在后续边缘检测中不会偏向任何一个方向。

（2）高斯函数是单值函数。即高斯滤波器用像素邻域的加权均值来代替该点的像素值，而每一邻域像素点权值是随该点与中心点的距离单调增减的。这一性质确保了图像的真实性。

（3）高斯函数的傅里叶变换频谱是单瓣的。因为我们希望的图像特征（如边缘），既含有低频分量，又含有高频分量。而图像往往会被不希望的高频信号所污染（噪声和细纹理）。单瓣性质意味着平滑图像不会被不需要的高频信号所污染，同时保留了大部分所需信号。

（4）高斯函数的可分离性。此性质可实现较大尺寸的高斯滤波器。2D 高斯函数卷积可以分成两步实现，先将图像与一维高斯函数进行卷积，再将卷积结果与方向垂直的相同一维高斯函数卷积。因此，2D 高斯滤波的计算量随滤波模板宽度呈线性增长而不是呈平方增长。

6.3　卡尔曼滤波

卡尔曼滤波的基本思想：首先引入一个离散控制过程的系统。该系统可用一个线性随机微分方程来描述：

$$\boldsymbol{X}(k)=\boldsymbol{A}\times\boldsymbol{X}(k-1)+\boldsymbol{B}\times\boldsymbol{U}(k)+\boldsymbol{W}(k) \tag{6.6}$$

再加上系统的测量值：

$$\boldsymbol{Z}(k)=\boldsymbol{H}\times\boldsymbol{X}(k)+\boldsymbol{V}(k) \tag{6.7}$$

式（6.6）和式（6.7）中，$\boldsymbol{X}(k)$ 表示 k 时刻的系统状态；$\boldsymbol{U}(k)$ 表示 k 时刻对系统的控制量；$\boldsymbol{A}$ 和 $\boldsymbol{B}$ 是系统参数；$\boldsymbol{Z}(k)$ 是 k 时刻的测量值；$\boldsymbol{H}$ 是测量系统的参数，对于多测量系统，$\boldsymbol{H}$ 为矩阵；$\boldsymbol{W}(k)$ 和 $\boldsymbol{V}(k)$ 分别表示过程和测量的噪声。该噪声假设为高斯白噪声（White Gaussian Noise），它们的协方差分别是 $\boldsymbol{Q}$ 、$\boldsymbol{R}$ 。然后结合协方差估算系统的最优化输出。

首先要利用系统的过程模型，预测下一状态的系统。假设现在的系统状态是k，根据系统的模型，可以基于系统的上一状态预测出现在的状态：

$$\boldsymbol{X}(k|k-1)=\boldsymbol{A}\times\boldsymbol{X}(k-1|k-1)+\boldsymbol{B}\times\boldsymbol{U}(k) \tag{6.8}$$

式中，$\boldsymbol{X}(k|k-1)$是利用上一状态预测的结果；$\boldsymbol{X}(k-1|k-1)$是上一状态最优的结果；$\boldsymbol{U}(k)$为现在状态的控制量。对$\boldsymbol{X}(k|k-1)$的协方差$\boldsymbol{P}$进行更新：

$$\boldsymbol{P}(k|k-1)=\boldsymbol{A}\times\boldsymbol{P}(k-1|k-1)\times\boldsymbol{A}^{\mathrm{T}}+\boldsymbol{Q} \tag{6.9}$$

式中，$\boldsymbol{P}(k|k-1)$是与$\boldsymbol{X}(k|k-1)$对应的协方差；$\boldsymbol{P}(k-1|k-1)$是与$\boldsymbol{X}(k-1|k-1)$对应的协方差；$\boldsymbol{A}^{\mathrm{T}}$表示$\boldsymbol{A}$的转置矩阵；$\boldsymbol{Q}$是系统过程的协方差。在得到状态的预测结果后，计算状态的测量值。结合预测值和测量值，可以得到现在状态k的最优化估算值$\boldsymbol{X}(k|k)$：

$$\boldsymbol{X}(k|k)=\boldsymbol{X}(k|k-1)+\boldsymbol{Kg}(k)[\boldsymbol{Z}(k)-\boldsymbol{H}\times\boldsymbol{X}(k|k-1)] \tag{6.10}$$

式中，$\boldsymbol{Kg}(k)$为卡尔曼增益：

$$\boldsymbol{Kg}(k)=\frac{\boldsymbol{P}(k|k-1)\times\boldsymbol{H}^{\mathrm{T}}}{\boldsymbol{H}\times\boldsymbol{P}(k|k-1)\boldsymbol{H}^{\mathrm{T}}+\boldsymbol{R}} \tag{6.11}$$

这样可以获得状态k下最优的估算值$\boldsymbol{X}(k|k)$。更新状态k下$\boldsymbol{X}(k|k)$的协方差：

$$\boldsymbol{P}(k|k)=[\boldsymbol{I}-\boldsymbol{Kg}(k)\times\boldsymbol{H}]\boldsymbol{P}(k|k-1) \tag{6.12}$$

式中，$\boldsymbol{I}$为$\mathbf{1}$的矩阵，对于单模型单测量$\boldsymbol{I}=\mathbf{1}$。这样，算法就可以自回归地运算下去。

6.4 变分模态分解方法

变分模态分解（VMD）是一种信号分解方法，该方法同时搜索模态及其中心频率。通过变分模态分解确定每个分量的频率中心及带宽，可以将信号进行分解。用$u_k(k=1,2,\cdots,K)$来表示每个分量，k为模态的个数。每个模态围绕中心频率$\omega_k(k=1,2,\cdots,K)$收敛。因此变分问题可构成如下函数：

$$\min_{\{u_k\},\{\omega_k\}}\left\{\sum_k\left\|\partial_t[(\delta(t)+\frac{\mathrm{j}}{\pi t})*u_k(t)]\mathrm{e}^{-\mathrm{j}\omega_k t}\right\|_2^2\right\}$$
$$\text{s.t.}\sum_k u_k=f \tag{6.13}$$

式中，f 是输入信号；δ 是 Dirac 分布；t 表示时间；* 表示卷积。为求解上述有约束最优解问题，引入惩罚项 α 和拉格朗日乘子 λ 将上述有约束问题转换为无约束问题：

$$L(\{u_k\},\{\omega_k\},\lambda)=\alpha\sum_k\left\|\partial_t[(\delta(t)+\frac{\mathrm{j}}{\pi t})\mathrm{e}^{-\mathrm{j}\omega_k t}]\right\|_2^2+\left\|f(t)-\sum_k u_k(t)\right\|_2^2+$$
$$\left\langle\lambda(t),\ f(t)-\sum_k u_k(t)\right\rangle \tag{6.14}$$

然后使用交替方向乘子算法（交替更新 $u_k^{n+1}, \omega_k^{n+1}, \lambda^{n+1}$），通过搜索其鞍点来求最优解。

变分模态分解过程如下：

（1）初始化模态 u_k、中心频率 ω_k、拉格朗日乘子 λ、最大迭代次数 N=5000、循环次数 n=0。

（2）更新 u_k：

$$u_k^{n+1}=\arg\min_{u_k} L(\{u_{i<k}^{n+1}\},\{u_{i\geqslant k}^{n}\},\{\omega_i^n\},\lambda^n) \tag{6.15}$$

（3）更新 ω_k：

$$\omega_k^{n+1}=\arg\min_{\omega_k} L(\{u_i^{n+1}\},\{\omega_{i<k}^{n+1}\},\{\omega_{i\geqslant k}^{n}\},\lambda^n) \tag{6.16}$$

（4）更新 λ：

$$\lambda^{n+1}=\lambda^n-\tau(f-\sum_k u_k^{n+1}) \tag{6.17}$$

（5）重复第（2）~（4）步直到收敛：

$$\sum_k\frac{\left\|u_k^{n+1}-u_k^n\right\|_2^2}{\left\|u_k^n\right\|_2^2}<\varepsilon \tag{6.18}$$

式中，τ 是更新参数；ε 是无限小的数（可取 0.00001）。

全局运动矢量包含平移、旋转和缩放运动，这些运动可分别独立分析。全局运动矢量序列可看作是时变变量 $\boldsymbol{G}$，$\boldsymbol{G}$ 的振幅可看作是相机的运动位移。全局运动向量可表示为：

$$G(t) = I(t) + J(t) \tag{6.19}$$

式中，$G(t)$ 表示全局运动矢量；$I(t)$ 表示主动运动矢量；$J(t)$ 表示随机抖动运动矢量。为了分离主动运动与随机抖动，将全局运动矢量进行变分模态分解。图 6.3 所示为全局运动矢量，分解后的模态如图 6.4 所示，按从高频到低频排序。

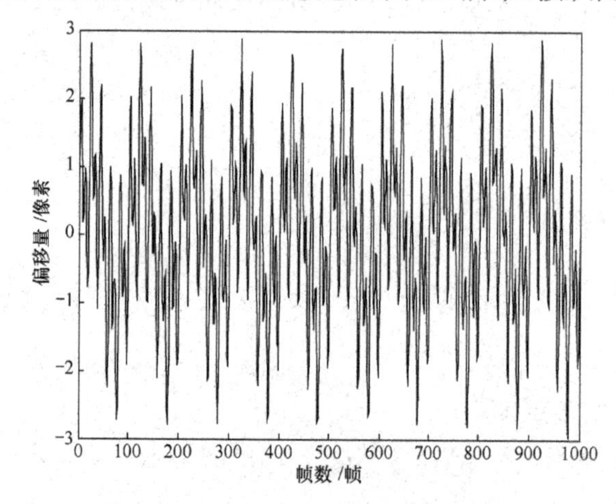

图 6.3　全局运动矢量

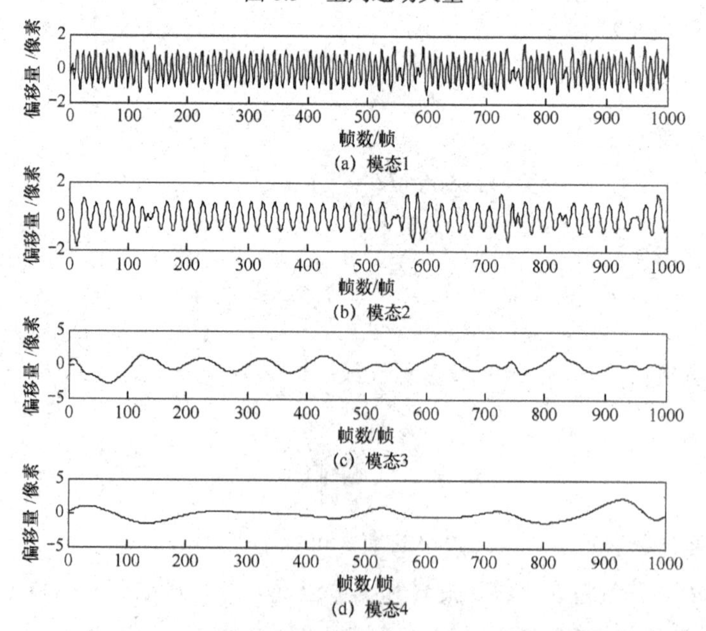

图 6.4　通过变分模态分解后的各模态

基于变分模态分解的理论，全局运动矢量与各模态的直接关系为：

$$G(t)=\sum_{i\in IM}M_i+\sum_{i\in JM}M_i \tag{6.20}$$

式中，M 为模态；IM 和 JM 分别为主动运动和随机抖动分量的索引。

由于第一个模态的频率最低，振幅最大，故其一定是主动运动。接下来计算第一模态和其他模态的相关熵。由于主动运动比帧速慢得多，因此主动运动在帧间显示具有高幅度和低频率的特点；另外，随机抖动的特点是低振幅、高频率。当两种模态都是主动运动时，相关熵的值会比较低，否则相关熵的值会比较高。进而当第一模态相关熵的值比较低时，则认为是主动运动；其余为随机抖动。这样就可以将主动运动与随机抖动分离，从而达到平滑的效果。

6.5　运动补偿方法

运动补偿方法一般分为固定参考帧补偿方法和相邻帧补偿方法。

固定参考帧补偿方法首先从图像序列中选择一帧为后续稳像矫正的参考帧，通过运动估计计算出每一帧图像相对参考帧的运动矢量，进而用估计的运动矢量对当前帧进行补偿。该补偿方法适用于相机定点拍摄，如监控相机拍摄的视频。该补偿方法对不具有相机主动运动的电子稳像有更好的稳像效果，且该算法简单，只需要累乘从参考帧到当前帧的仿射变换矩阵或透视变换矩阵，最后补偿量为该累乘矩阵的逆矩阵，从而实现对当前帧的几何校正。若相机存在主动运动，用固定帧补偿方法进行补偿会出现图像信息丢失现象。

相邻帧补偿方法没有设定参考帧，需要对任意相邻帧估计运动偏移量，通过对其累积来刻画相机原始路径。该补偿方法需要借助滤波来完成，由于估计出来的相机原始路径不仅有高频的随机抖动也包含低频的相机主动运动，通过设计的高斯低通滤波器或采用卡尔曼滤波等方法可有效地将低频和高频区分开，去掉高频以便获得平滑后的相机路径，并根据其进行运动补偿，平滑后的相机路径原则上是尽可能与原始路径接近，以便较小地破坏相机的主动运动，使稳像的视频信息丢失较少。该补偿方法涉及信号滤波的过程，补偿后的稳像效果与滤波的好坏相关。

下　篇

3D 模型稳像方法

第 7 章　基于 3D 重构的稳像方法

第 8 章　基于球面模型的稳像方法

第 9 章　球面模型在全景相机上的扩展

第7章

基于3D重构的稳像方法

7.1 稳像模型

3D 稳像模型是稳像方法中效果最好的，但也是计算最复杂、最依赖特征跟踪的一种模型。3D 稳像模型需要对场景进行重构，并恢复相机的 3D 位姿。3D 稳像模型能够较好地处理视差问题。3D 稳像模型的步骤一般为：

（1）计算相机的 3D 运动轨迹。

（2）计算适应原始轨迹的期望路径，即对原始 3D 轨迹进行平滑。

（3）根据期望路径合成稳定输出视频。

7.2 相机标定

CAM 坐标系规定是以相机光心为原点，z 轴为相机光轴，垂直相机向上为 x 轴来建立的右手坐标系。CAM 坐标系与目标物体直接关联，世界坐标系下的物体需要经过只有平移和旋转的刚体变换映射到 CAM 坐标系，然后再与图像坐标系建立关联，所以它是图像坐标系与世界坐标系之间的桥梁。

图像坐标系可以确定物体在图像中的位置，它分为物理图像坐标(x, y)和像素坐标(u, v)。图 7.1 分别是世界坐标系(X_W, Y_W, Z_W)、CAM 坐标系(X_C, Y_C, Z_C)和像素坐标系(u, v)。

设定空间中某点 P 在世界坐标系下的齐次坐标为$(X_W, Y_W, Z_W, 1)^{\mathrm{T}}$，在 CAM 坐标系下的齐次坐标为$(X_C, Y_C, Z_C, 1)^{\mathrm{T}}$，则存在如下对应关系：

$$\begin{bmatrix} X_C \\ Y_C \\ Z_C \\ 1 \end{bmatrix} = \begin{bmatrix} \boldsymbol{R} & \boldsymbol{t} \\ \boldsymbol{0}^{\mathrm{T}} & 1 \end{bmatrix} \begin{bmatrix} X_W \\ Y_W \\ Z_W \\ 1 \end{bmatrix} \tag{7.1}$$

式中，$\boldsymbol{R}$ 为 3×3 旋转矩阵；$\boldsymbol{t}$ 为 3D 平移向量。

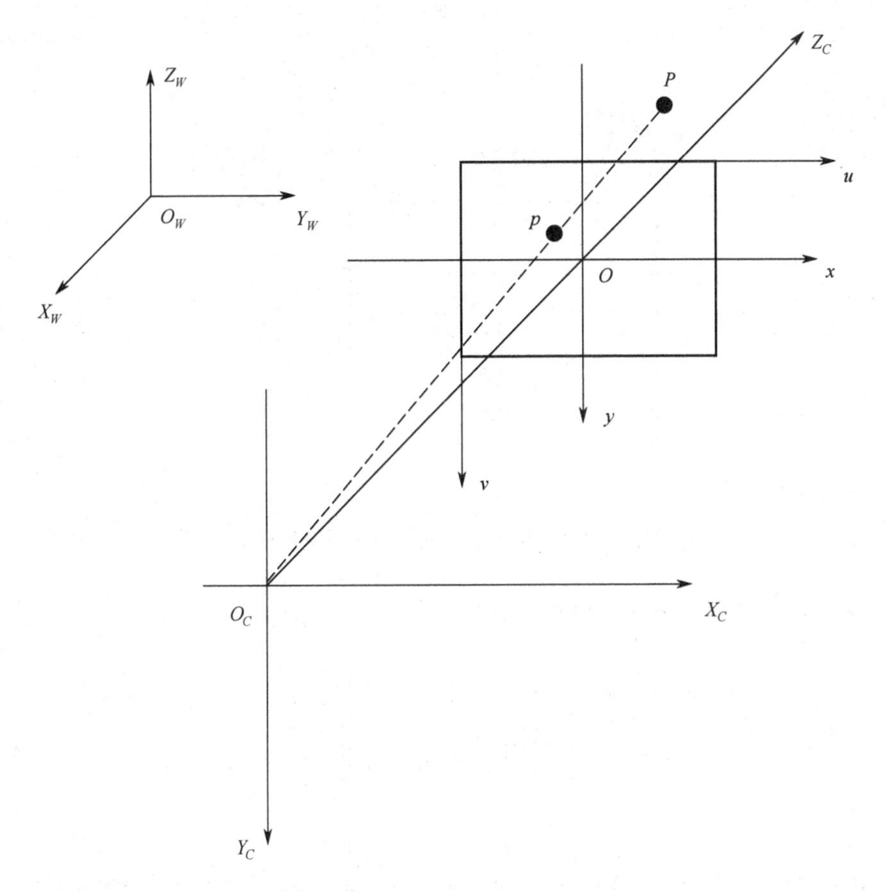

图 7.1　3 个坐标系之间的关系

如图 7.2 所示定义 u, v 两个坐标轴，图像中的像素可由 (u, v) 表示，分别代表 2D 图像的行和列。以 O 为原点，x 轴与 u 轴平行，y 轴与 v 轴平行，其中 (x, y) 表示物理图像坐标系上的坐标，并以毫米为单位。在物理图像坐标系中，相机光轴与图像平面的交点坐标为原点 O_1，在一般情况下是图像的中心点，有时也会发生偏离现象。设 $\mathrm{d}x, \mathrm{d}y$ 为像素在物理图像坐标系中 x 与 y 方向上的物理尺寸，则坐标系之间的关系为：

$$\begin{cases} u = \dfrac{x}{\mathrm{d}x} + u_0 \\ v = \dfrac{y}{\mathrm{d}y} + v_0 \end{cases} \tag{7.2}$$

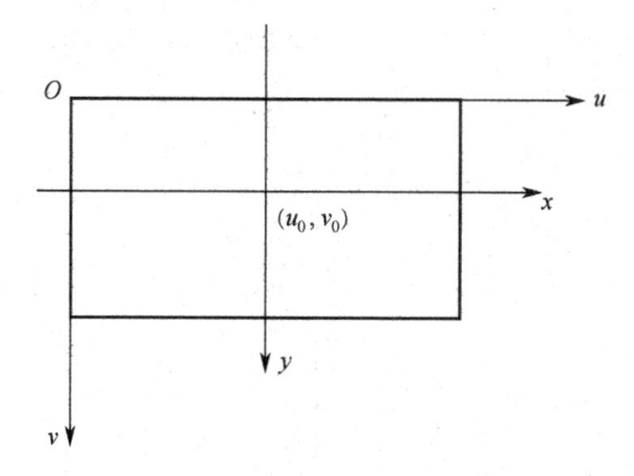

图 7.2　图像的像素坐标系和物理图像坐标系

通常我们用齐次坐标与矩阵形式将式（7.2）表示为：

$$\begin{bmatrix} u \\ v \\ 1 \end{bmatrix} = \begin{bmatrix} \dfrac{1}{\mathrm{d}x} & 0 & u_0 \\ 0 & \dfrac{1}{\mathrm{d}y} & v_0 \\ 0 & 0 & 1 \end{bmatrix} \begin{bmatrix} x \\ y \\ 1 \end{bmatrix} \tag{7.3}$$

由图 7.3 所示的针孔成像模型可推知空间点 $P(X_C, Y_C, Z_C)$ 与它的像点 $m(x, y)$ 满足下述关系：

$$\begin{cases} x = \dfrac{fX_C}{Z_C} \\ y = \dfrac{fY_C}{Z_C} \end{cases} \tag{7.4}$$

式（7.4）用矩阵形式表示为：

$$Z_C \begin{bmatrix} x \\ y \\ 1 \end{bmatrix} = \begin{bmatrix} fX_C \\ fY_C \\ Z_C \end{bmatrix} = \begin{bmatrix} f & -f\cot\theta & 0 & 0 \\ 0 & f/\sin\theta & 0 & 0 \\ 0 & 0 & 1 & 0 \end{bmatrix} \begin{bmatrix} X_C \\ Y_C \\ Z_C \\ 1 \end{bmatrix} \tag{7.5}$$

式中，f 表示相机焦距；θ（不完全成直角）表示 x 轴和 y 轴的偏斜度。需要说明的是，在一般情况下，θ 很接近 90°，所以在要求不是很严格的情况下就直接设为 90°，当然这种情况会存在误差，因为当一帧图像在拍摄过程中经过射影变换后导致成像不再是 90°，这时如果忽略了这个参数，将引起很大的标定误差。

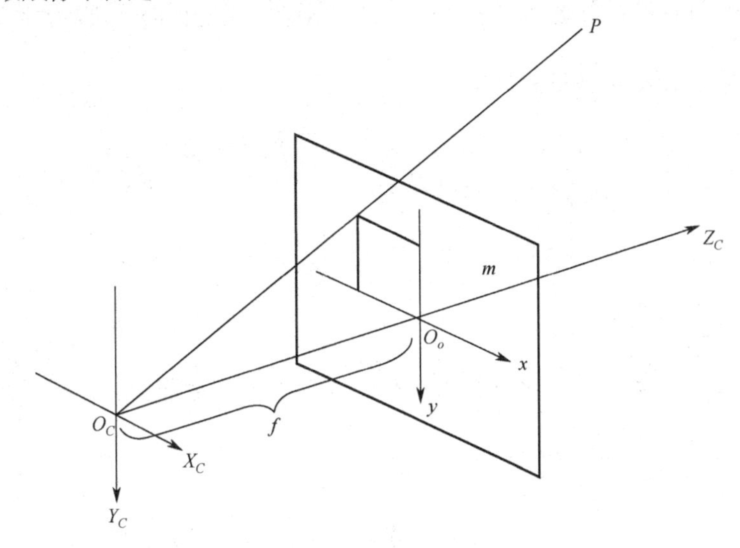

图 7.3　针孔成像模型

将式（7.1）和式（7.2）代入式（7.5），可得

$$Z_C\begin{bmatrix}u\\v\\1\end{bmatrix}=\begin{bmatrix}\dfrac{1}{\mathrm{d}x} & 0 & u_0\\ 0 & \dfrac{1}{\mathrm{d}y} & v_0\\ 0 & 0 & 1\end{bmatrix}\begin{bmatrix}f & -f\cot\theta & 0 & 0\\ 0 & f/\sin\theta & 0 & 0\\ 0 & 0 & 1 & 0\end{bmatrix}\begin{bmatrix}\boldsymbol{R} & \boldsymbol{t}\\ \boldsymbol{0}^{\mathrm{T}} & 1\end{bmatrix}\begin{bmatrix}X_W\\Y_W\\Z_W\\1\end{bmatrix} \tag{7.6}$$

$$=\begin{bmatrix}f/\mathrm{d}x & -f\cot\theta/\mathrm{d}x & u_0\\ 0 & \sin\theta/\mathrm{d}y & v_0\\ 0 & 0 & 1\end{bmatrix}\begin{bmatrix}\boldsymbol{R} & \boldsymbol{t}\end{bmatrix}\begin{bmatrix}X_W\\Y_W\\Z_W\\1\end{bmatrix}=\boldsymbol{K}\begin{bmatrix}\boldsymbol{R} & \boldsymbol{t}\end{bmatrix}\boldsymbol{X}=\boldsymbol{PX}$$

由式（7.6）可知，$\boldsymbol{K}$ 反映的是相机内部特征为 3×3 的内参矩阵。矩阵 $\boldsymbol{P}$ 是一个 3×4 的矩阵，包含相机的 6 个内部参数（简称“内参”），称为相机矩阵，它是基本成像模型的代数表示。$\begin{bmatrix}\boldsymbol{R} & \boldsymbol{t}\end{bmatrix}$ 是相机的外部参数（简称“外参”），其

中 $\boldsymbol{R}$ 是一个 3×3 的旋转矩阵，$\boldsymbol{t}_{3\times3}=\begin{pmatrix}t_x\\t_y\\t_z\end{pmatrix}$ 为平移向量。

单目相机标定是基于平面棋盘格的标定，是依据两个平面的单应性（Homography）映射计算的。单应性描述了一个2D面到另一个2D面的映射关系。

1．单应性矩阵 $\boldsymbol{H}$ 的计算

由前面所述内容可知，根据相机针孔成像模型可得：

$$\boldsymbol{s}\begin{bmatrix}u\\v\\1\end{bmatrix}=\boldsymbol{A}[\boldsymbol{R}\quad\boldsymbol{t}]\begin{bmatrix}X_W\\Y_W\\Z_W\\1\end{bmatrix}=\boldsymbol{A}[\boldsymbol{r}_1\quad\boldsymbol{r}_2\quad\boldsymbol{r}_3\quad\boldsymbol{r}_4]\begin{bmatrix}X_W\\Y_W\\Z_W\\1\end{bmatrix}\tag{7.7}$$

式中，$\boldsymbol{A}=\begin{bmatrix}\alpha&\gamma&u_0\\0&\beta&v_0\\0&0&1\end{bmatrix}$，现在将世界坐标系平面置于标定模板所在的平面，即 $Z_W=0$。则式（7.7）可变为：

$$\boldsymbol{s}\begin{bmatrix}u\\v\\1\end{bmatrix}=\boldsymbol{A}[\boldsymbol{R}\quad\boldsymbol{t}]\begin{bmatrix}X_W\\Y_W\\0\\1\end{bmatrix}=\boldsymbol{A}[\boldsymbol{r}_1\quad\boldsymbol{r}_2\quad\boldsymbol{t}]\begin{bmatrix}X_W\\Y_W\\1\end{bmatrix}\tag{7.8}$$

式中，$\boldsymbol{r}_i$ 表示旋转矩阵 $\boldsymbol{R}$ 的第 i 列向量。令 $\tilde{\boldsymbol{M}}=[X\quad Y\quad 1]^{\mathrm{T}}$，$\tilde{\boldsymbol{m}}=[u\quad v\quad 1]^{\mathrm{T}}$，则式（7.8）可简写为：

$$\boldsymbol{s}\tilde{\boldsymbol{m}}=\boldsymbol{H}\tilde{\boldsymbol{M}}\tag{7.9}$$

其中

$$\boldsymbol{H}=\boldsymbol{A}[\boldsymbol{r}_1\quad\boldsymbol{r}_2\quad\boldsymbol{t}]=[\boldsymbol{h}_1\quad\boldsymbol{h}_2\quad\boldsymbol{h}_3]=\begin{bmatrix}h_{11}&h_{12}&h_{13}\\h_{21}&h_{22}&h_{23}\\h_{31}&h_{32}&1\end{bmatrix}\tag{7.10}$$

$\boldsymbol{H}$ 为单应性矩阵。由 $\boldsymbol{s}\tilde{\boldsymbol{m}}=\boldsymbol{H}\tilde{\boldsymbol{M}}$ 可以推导出：

$$\begin{cases}su=h_{11}X+h_{12}Y+h_{13}\\sv=h_{21}X+h_{22}Y+h_{23}\\s=h_{31}X+h_{32}+1\end{cases}\tag{7.11}$$

从而推导得到：

$$\begin{cases} uXh_{31}+uYh_{32}+u=h_{11}X+h_{12}Y+h_{13} \\ vXh_{31}+vYh_{32}+v=h_{21}X+h_{22}Y+h_{23} \end{cases} \tag{7.12}$$

令

$$\boldsymbol{h}^{\mathrm{T}}=\begin{bmatrix} h_{11} & h_{12} & h_{13} & h_{21} & h_{22} & h_{23} & h_{31} & h_{32} \end{bmatrix}$$

则

$$\begin{bmatrix} X & Y & 1 & 0 & 0 & 0 & -uX & -uY & -u \\ 0 & 0 & 0 & X & Y & 1 & -vX & -vY & -v \end{bmatrix}\boldsymbol{h}^{\mathrm{T}}=\boldsymbol{0} \tag{7.13}$$

式（7.13）可以看作 $\boldsymbol{sh}^{\mathrm{T}}=\boldsymbol{0}$，那么矩阵 $\boldsymbol{s}^{\mathrm{T}}\boldsymbol{s}$ 最小特征值所对应的特征向量就是该方程的最小二乘解。再将得到的解进行归一化得到所需的 $\boldsymbol{h}^{\mathrm{T}}$，从而可以求得 $\boldsymbol{H}$。

2．相机内、外参数求解

由以上方法求得的 $\boldsymbol{H}$ 可能和真实的 $\boldsymbol{H}$ 相差一个比例因子，因此将式(7.10)写成如下形式：

$$\begin{bmatrix} \boldsymbol{h}_1 & \boldsymbol{h}_2 & \boldsymbol{h}_3 \end{bmatrix}=\lambda\boldsymbol{A}\begin{bmatrix} \boldsymbol{r}_1 & \boldsymbol{r}_2 & \boldsymbol{t} \end{bmatrix} \tag{7.14}$$

式中，$\boldsymbol{r}_1$ 与 $\boldsymbol{r}_2$ 为单位正交向量，由 $\boldsymbol{r}_1{}^{\mathrm{T}}\boldsymbol{r}_1=\boldsymbol{r}_2{}^{\mathrm{T}}\boldsymbol{r}_2=1$，且 $\boldsymbol{r}_1{}^{\mathrm{T}}\boldsymbol{r}_2=0$，可以得到相机内部参数求解的两个约束条件：

$$\begin{cases} \boldsymbol{h}_1{}^{\mathrm{T}}\boldsymbol{A}^{-\mathrm{T}}\boldsymbol{A}^{-1}\boldsymbol{h}_2=0 \\ \boldsymbol{h}_1{}^{\mathrm{T}}\boldsymbol{A}^{-\mathrm{T}}\boldsymbol{A}^{-1}\boldsymbol{h}_1=\boldsymbol{h}_2{}^{\mathrm{T}}\boldsymbol{A}^{-\mathrm{T}}\boldsymbol{A}^{-1}\boldsymbol{h}_2 \end{cases} \tag{7.15}$$

令

$$\boldsymbol{B}=\boldsymbol{A}^{-\mathrm{T}}\boldsymbol{A}^{-1}=\begin{bmatrix} B_{11} & B_{12} & B_{13} \\ B_{21} & B_{22} & B_{23} \\ B_{31} & B_{32} & B_{33} \end{bmatrix}$$

$$=\begin{bmatrix} \dfrac{1}{\alpha^2} & -\dfrac{\gamma}{\alpha^2\beta} & \dfrac{v_0\gamma-u_0\beta}{\alpha^2\beta} \\ -\dfrac{\gamma}{\alpha^2\beta} & \dfrac{\gamma^2}{\alpha^2\beta^2}+\dfrac{1}{\beta^2} & -\dfrac{\gamma(v_0\gamma-u_0\beta)}{\alpha^2\beta^2}-\dfrac{v_0}{\beta^2} \\ \dfrac{v_0\gamma-u_0\beta}{\alpha^2\beta} & -\dfrac{\gamma(v_0\gamma-u_0\beta)}{\alpha^2\beta^2}-\dfrac{v_0}{\beta^2} & \dfrac{(v_0\gamma-u_0\beta)^2}{\alpha^2\beta^2}+\dfrac{v_0^2}{\beta^2}+1 \end{bmatrix} \tag{7.16}$$

$\boldsymbol{B}$ 是对称矩阵，可以用 6 维向量定义：

$$\boldsymbol{b}=[B_{11}\ \ B_{12}\ \ B_{22}\ \ B_{13}\ \ B_{23}\ \ B_{33}]^{\mathrm{T}}$$

设 $\boldsymbol{H}$ 的第 i 列向量表示为 $\boldsymbol{h}_i=\left[h_{i1}\ \ h_{i2}\ \ h_{i3}\right]$，那么

$$\boldsymbol{h}_i^{\mathrm{T}}\boldsymbol{B}\boldsymbol{h}_i=\boldsymbol{V}_{ij}^{\mathrm{T}}\boldsymbol{b}$$

其中

$$\boldsymbol{V}_{ij}=\left[h_{i1}h_{j1}\quad h_{i1}h_{j2}+h_{i2}h_{j1}\quad h_{i2}h_{j2}\quad h_{i3}h_{j1}+h_{i1}h_{j3}\quad h_{i3}h_{j2}+h_{i2}h_{j3}\quad h_{i3}h_{j3}\right]$$

将式（7.15）写成关于 $\boldsymbol{b}$ 的形式：

$$\begin{bmatrix}\boldsymbol{V}_{12}^{\mathrm{T}}\\ \boldsymbol{V}_{11}^{\mathrm{T}}-\boldsymbol{V}_{22}^{\mathrm{T}}\end{bmatrix}\boldsymbol{b}=\boldsymbol{0} \tag{7.17}$$

如有 N 帧模板的图像，就可以得到：

$$\boldsymbol{V}\boldsymbol{b}=\boldsymbol{0} \tag{7.18}$$

式中，$\boldsymbol{V}$ 是一个 $2N\times6$ 的矩阵，如果 $N\geqslant3$，$\boldsymbol{b}$ 就可以被解出（带有一个比例因子），从而可以得到 6 个内部参数：

$$\begin{cases}v_0=(B_{12}B_{13}-B_{11}B_{23})/(B_{11}B_{22}-B_{12}^2)\\ \lambda=B_{33}-\left[B_{13}^2+v_0(B_{12}B_{13}-B_{11}B_{23})\right]/B_{11}\\ f_u=\sqrt{\lambda/B_{11}}\\ f_v=\sqrt{\lambda B_{11}/(B_{11}B_{22}-B_{12}^2)}\\ \boldsymbol{s}=-B_{12}f_u^2f_v/\lambda\\ u_0=\dfrac{\boldsymbol{s}v_0}{f_0}-B_{13}f_u^2/\lambda\end{cases} \tag{7.19}$$

再根据单应性矩阵 $\boldsymbol{H}$ 和内参矩阵 $\boldsymbol{A}$，利用式（7.20），计算每帧图像的外部参数：

$$\begin{cases}\boldsymbol{r}_1=\lambda\boldsymbol{A}^{-1}\boldsymbol{h}_1,\ \boldsymbol{r}_2=\lambda\boldsymbol{A}^{-1}\boldsymbol{h}_2,\ \boldsymbol{r}_3=\boldsymbol{r}_1\times\boldsymbol{r}_2\\ \boldsymbol{t}=\lambda\boldsymbol{A}^{-1}\boldsymbol{h}_3,\ \lambda=\dfrac{1}{\left\|\boldsymbol{A}^{-1}\boldsymbol{h}_1\right\|}=\dfrac{1}{\left\|\boldsymbol{A}^{-1}\boldsymbol{h}_2\right\|}\end{cases} \tag{7.20}$$

由于图像中存在一些噪声，事实上矩阵 $\boldsymbol{R}=(\boldsymbol{r}_1,\boldsymbol{r}_2,\boldsymbol{r}_3)$ 并不满足正交性质，所以可根据最小距离准则求取最佳的 $\boldsymbol{R}$ 解。

使用 Matlab 相机标定工具箱能够对多相机全景系统中的每个相机进行单独标定，计算出相机的像素焦距。图 7.4 所示为单相机标定实验。

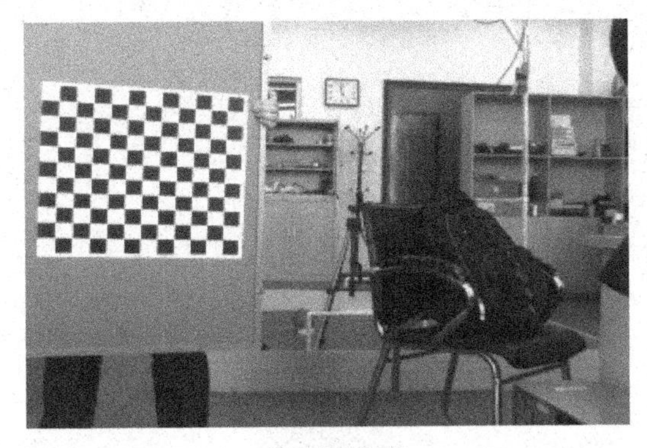

（a）实验场景

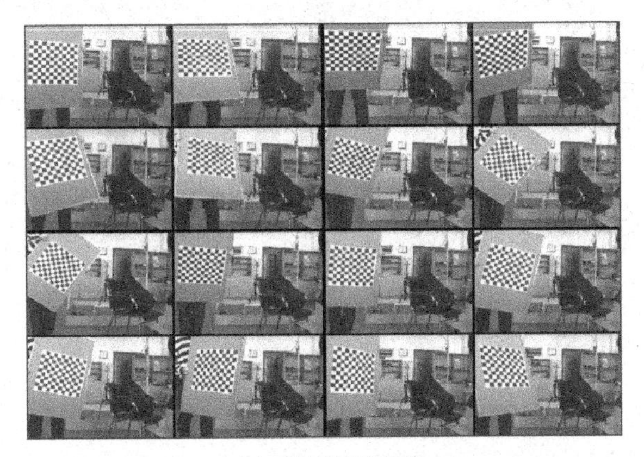

（b）所有待标定图像

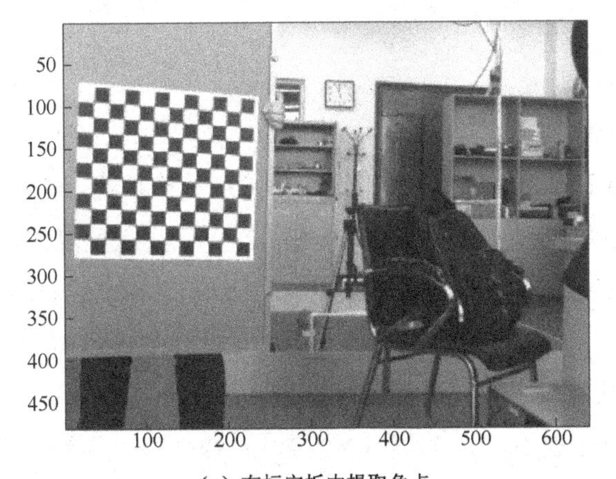

（c）在标定板中提取角点

图 7.4　相机标定实验

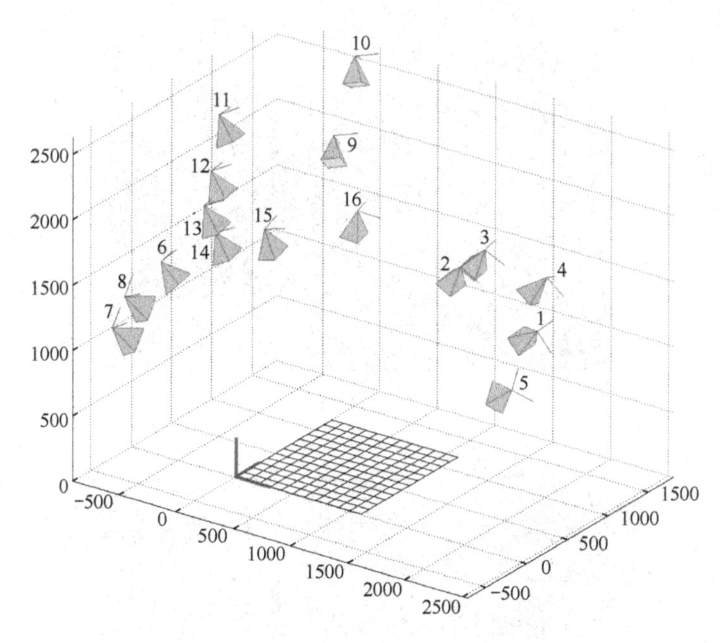

（d）标定板与相机外部参数关系

图 7.4　相机标定实验（续）

7.3　运动估计

在相机运动过程中，景深也会随之变化，考虑到运动视差，可以使用 SFM（Structure From Motion）通过 2D 图像实现 3D 结构重建，估计帧间旋转矩阵的参数。相邻两帧图像可以看作相邻两个相机在不同视点拍摄得到的两帧图像。

如图 7.5 所示，假设世界坐标系中有一点 $\boldsymbol{P}$，坐标 X 在两帧图像中的成像点分别为 $\boldsymbol{x}_1$、$\boldsymbol{x}_2$（$\boldsymbol{x}_1$、$\boldsymbol{x}_2$ 为齐次坐标）。设 $\boldsymbol{P}$ 到两个成像面的垂直距离分别为 $\boldsymbol{s}_1, \boldsymbol{s}_2$，由于两帧图像为同一相机采集，因此其内参矩阵都为 $\boldsymbol{K}$，与世界坐标系之间的变换关系分别为 $[\boldsymbol{R}_1 \quad \boldsymbol{T}_1]$ 和 $[\boldsymbol{R}_2 \quad \boldsymbol{T}_2]$，那么可以得到：

$$\begin{cases} \boldsymbol{s}_1\boldsymbol{x}_1 = \boldsymbol{K}(\boldsymbol{R}_1 X + \boldsymbol{T}_1) \\ \boldsymbol{s}_2\boldsymbol{x}_2 = \boldsymbol{K}(\boldsymbol{R}_2 X + \boldsymbol{T}_2) \end{cases} \tag{7.21}$$

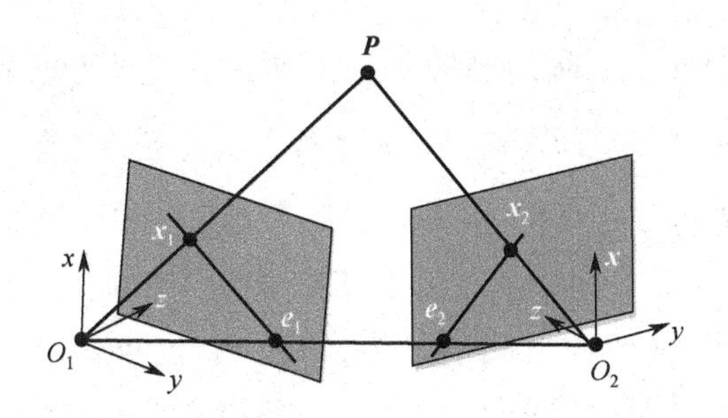

图 7.5　对应点几何关系

由于 $\boldsymbol{K}$ 为可逆矩阵，式（7.21）中的两式左乘 $\boldsymbol{K}$ 的逆，有：

$$\begin{cases} s_1\boldsymbol{K}^{-1}\boldsymbol{x}_1 = \boldsymbol{R}_1\boldsymbol{X} + \boldsymbol{T}_1 \\ s_2\boldsymbol{K}^{-1}\boldsymbol{x}_2 = \boldsymbol{R}_2\boldsymbol{X} + \boldsymbol{T}_2 \end{cases} \tag{7.22}$$

设 $\boldsymbol{K}^{-1}\boldsymbol{x}_1 = \boldsymbol{x}_1', \boldsymbol{K}^{-1}\boldsymbol{x}_2 = \boldsymbol{x}_2'$，则有：

$$\begin{cases} s_1\boldsymbol{x}_1' = \boldsymbol{R}_1\boldsymbol{X} + \boldsymbol{T}_1 \\ s_2\boldsymbol{x}_2' = \boldsymbol{R}_2\boldsymbol{X} + \boldsymbol{T}_2 \end{cases} \tag{7.23}$$

由于世界坐标系可以任意选择，将世界坐标系选为第一个帧平面所在的相机坐标系，此时，$\boldsymbol{R}_1 = \boldsymbol{I}, \boldsymbol{T}_1 = \boldsymbol{0}$，式（7.23）变为：

$$\begin{cases} s_1\boldsymbol{x}_1' = \boldsymbol{X} \\ s_2\boldsymbol{x}_2' = \boldsymbol{R}_2\boldsymbol{X} + \boldsymbol{T}_2 \end{cases} \tag{7.24}$$

将式（7.24）中的第 1 式代入第 2 式：

$$s_2\boldsymbol{x}_2' = s_1\boldsymbol{R}_2\boldsymbol{x}_1' + \boldsymbol{T}_2 \tag{7.25}$$

$\boldsymbol{x}_2'$ 和 $\boldsymbol{T}_2$ 都是 3D 向量，将其做外积得到 3D 向量 $\hat{\boldsymbol{T}}_2\boldsymbol{x}_2'$（其中，$\hat{\boldsymbol{T}}_2$ 为外积的矩阵形式，$\hat{\boldsymbol{T}}_2\boldsymbol{x}_2'$ 表示 $\boldsymbol{T}_2 \times \boldsymbol{x}_2'$），且该向量垂直于 $\boldsymbol{x}_2'$ 和 $\boldsymbol{T}_2$，再用该向量对等式两边做内积，则有：

$$\boldsymbol{0} = s_1(\hat{\boldsymbol{T}}_2\boldsymbol{x}_2')^{\mathrm{T}}\boldsymbol{R}_2\boldsymbol{x}_1' \tag{7.26}$$

令 $\boldsymbol{E} = \hat{\boldsymbol{T}}_2\boldsymbol{R}_2$，则：

$$(\boldsymbol{x}_2')^{\mathrm{T}}\boldsymbol{E}\boldsymbol{x}_1' = 0 \tag{7.27}$$

即

$$\boldsymbol{K}^{-1}\boldsymbol{x}_2\boldsymbol{E}\boldsymbol{K}^{-1}\boldsymbol{x}_1 = 0 \Rightarrow \boldsymbol{x}_2^{\mathrm{T}}(\boldsymbol{K}^{-1})^{\mathrm{T}}\boldsymbol{E}\boldsymbol{K}^{-1}\boldsymbol{x}_1 = 0 \tag{7.28}$$

令 $\boldsymbol{F}=(\boldsymbol{K}^{-1})^{\mathrm{T}}\boldsymbol{E}\boldsymbol{K}^{-1}$，即这两帧图像之间的几何关系可以用基本矩阵 $\boldsymbol{F}$ 来表示，对基本矩阵进行分解即可得到两帧图像之间的变换关系。假设一组匹配投影点在相邻帧中分别为 $\boldsymbol{X}$ 和 $\boldsymbol{X}'$，则这两帧图像之间存在以下关系：

$$\boldsymbol{X'}^{\mathrm{T}}\boldsymbol{F}\boldsymbol{X}=0 \tag{7.29}$$

若要估计出两帧图像之间的基本矩阵，则最少需要 7 对匹配特征点 $\boldsymbol{X}_i \leftrightarrow \boldsymbol{X}_i'(i \geqslant 7)$，才可以根据式（7.29）计算得到。每一组匹配特征点可以提供一个关于基本矩阵 $\boldsymbol{F}$ 的线性方程。记 $\boldsymbol{X}=(x, y, 1)^{\mathrm{T}}$，$\boldsymbol{X}'=(x', y', 1)$，则对应一组图像上的匹配点 $\boldsymbol{X}$ 和 $\boldsymbol{X}'$，对应两幅图像之间的基本矩阵表示为：

$$\boldsymbol{F}=\begin{bmatrix} f_{11} & f_{12} & f_{13} \\ f_{21} & f_{22} & f_{23} \\ f_{31} & f_{32} & f_{33} \end{bmatrix} \tag{7.30}$$

则可得方程

$$\begin{bmatrix} \boldsymbol{x}' & \boldsymbol{y}' & 1 \end{bmatrix}\begin{bmatrix} f_{11} & f_{12} & f_{13} \\ f_{21} & f_{22} & f_{23} \\ f_{31} & f_{32} & f_{33} \end{bmatrix}\begin{bmatrix} \boldsymbol{x} \\ \boldsymbol{y} \\ 1 \end{bmatrix}=0 \tag{7.31}$$

即

$$xx'f_{11}+x'yf_{12}+x'f_{13}+xy'f_{21}+yy'f_{22}+y'f_{23}+xf_{31}+yf_{32}+f_{33}=0 \tag{7.32}$$

令 $\bar{\boldsymbol{f}}=(f_{11}, f_{12}, f_{13}, f_{21}, f_{22}, f_{23}, f_{31}, f_{32}, f_{33})^{\mathrm{T}}$，则用矢量乘积的方式表示得：

$$(xx', x'y, x', xy', yy', y', x, y, 1)\bar{\boldsymbol{f}}=0 \tag{7.33}$$

采用 8 组匹配点，对坐标点归一化，可以求得唯一的 $\bar{\boldsymbol{f}}$，进而可以得到基本矩阵 $\boldsymbol{F}$。对相机进行标定得到相机的内参矩阵 $\boldsymbol{K}$，然后根据基本矩阵 $\boldsymbol{F}$ 和本质矩阵 $\boldsymbol{E}=[\boldsymbol{t}]_{\times}\boldsymbol{R}$ 的关系公式

$$\boldsymbol{E}=\boldsymbol{K'}^{\mathrm{T}}\boldsymbol{F}\boldsymbol{K} \tag{7.34}$$

计算得到本质矩阵 $\boldsymbol{E}$。式中，$\boldsymbol{R}$ 表示旋转矩阵；$\boldsymbol{t}$ 表示平移矢量。对本质矩阵 $\boldsymbol{E}$ 进行 SVD 分解（奇异值分解）$\mathrm{SVD}(\boldsymbol{E})=\boldsymbol{U}\mathrm{diag}(1, 1, 0)\boldsymbol{V}^{\mathrm{T}}$。假设第 1 帧图像的相机矩阵 $\boldsymbol{p}=[\boldsymbol{I}\,|\,\boldsymbol{0}]$，则第 2 帧图像的相机矩阵有 4 种可能情况，即 $\boldsymbol{P}_1'=[\boldsymbol{U}\boldsymbol{W}\boldsymbol{V}^{\mathrm{T}}\,|\,\boldsymbol{u}_3]$、$\boldsymbol{P}_2'=[\boldsymbol{U}\boldsymbol{W}\boldsymbol{V}^{\mathrm{T}}\,|\,-\boldsymbol{u}_3]$、$\boldsymbol{P}_3'=[\boldsymbol{U}\boldsymbol{W}^{\mathrm{T}}\boldsymbol{V}^{\mathrm{T}}\,|\,\boldsymbol{u}_3]$ 或 $\boldsymbol{P}_4'=[\boldsymbol{U}\boldsymbol{W}^{\mathrm{T}}\boldsymbol{V}^{\mathrm{T}}\,|\,-\boldsymbol{u}_3]$，

其中平移矢量 $\boldsymbol{t}=\boldsymbol{U}(0,0,1)^{\mathrm{T}}=\boldsymbol{u}_3$，旋转矩阵 $\boldsymbol{R}=\boldsymbol{U}\boldsymbol{W}\boldsymbol{V}^{\mathrm{T}}$ 或 $\boldsymbol{R}=\boldsymbol{U}\boldsymbol{W}^{\mathrm{T}}\boldsymbol{V}^{\mathrm{T}}$，$\boldsymbol{U}$ 和 $\boldsymbol{V}$ 是酉矩阵，$\boldsymbol{W}$ 为正交阵。

$$\boldsymbol{W}=\begin{bmatrix}0 & -1 & 0\\1 & 0 & 0\\0 & 0 & 1\end{bmatrix} \tag{7.35}$$

针对这 4 种可能情况，$\boldsymbol{P}_1'$ 和 $\boldsymbol{P}_2'$ 的平移矢量是相反的，$\boldsymbol{P}_3'$ 和 $\boldsymbol{P}_4'$ 的区别是第 2 帧图像绕基线旋转了180°，其中只有一个是正确的。为确定最后的结果，任选一个点进行测试，受同向性条件约束，根据这个点是否在两帧图像的相机前面，确定正确结果。

图 7.6 为相机运动时拍摄的相邻帧图像，根据 SFM 算法求出这两帧图像的帧间旋转矩阵 $\boldsymbol{R}$，将其中一组 3D 特征点作用于该旋转矩阵，可以得到点云匹配图，如图 7.7 所示。点云匹配图表明用该方法求得的旋转矩阵可以很好地体现帧间旋转关系。对于所有图像，均可采用 SFM 算法求出帧间旋转矩阵。

图 7.6　相邻帧图像

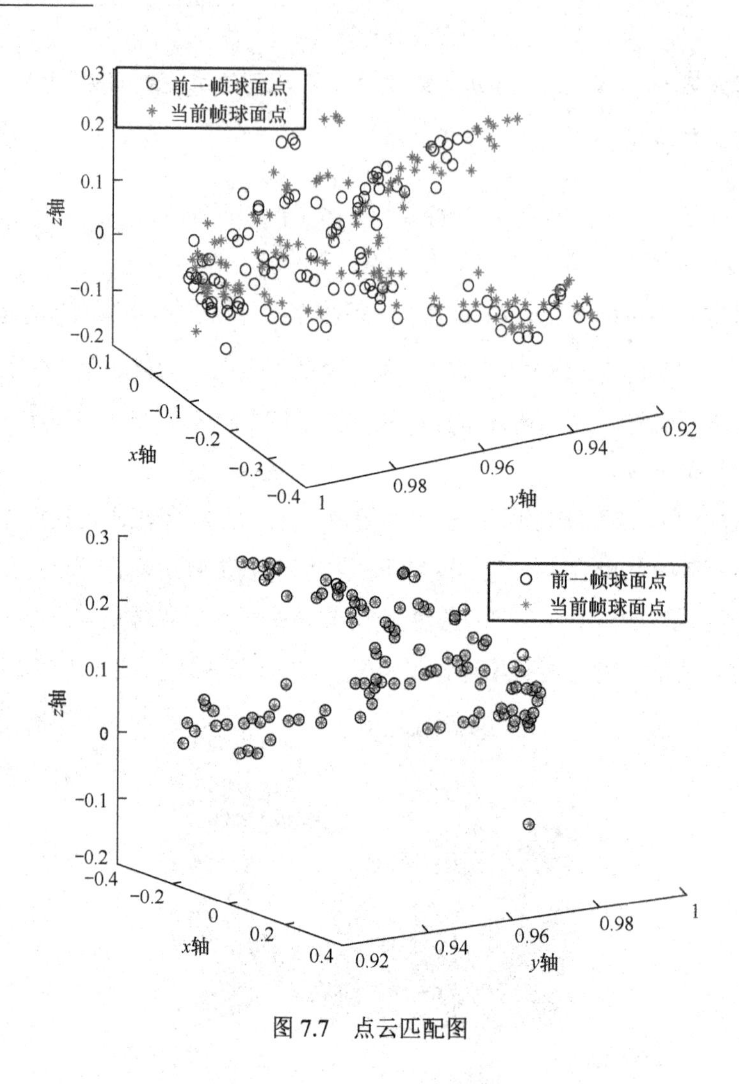

图 7.7　点云匹配图

7.4 运动平滑

7.4.1　基于迭代扩展卡尔曼的运动平滑

四元数在数学中是将实数域扩展到复数域的复杂数字系统扩展，由爱尔兰数学家 William Rowan Hamiton 于 1843 年提出，并广泛应用于 3D 空间的力学研究中。单位四元数可用来表示3D空间的旋转。四元数的一般形式为$\boldsymbol{q}=q_0+\boldsymbol{q}_1\mathbf{i}+\boldsymbol{q}_2\mathbf{j}+\boldsymbol{q}_3\mathbf{k}$，其中，$q_0$为四元数的实数部分；$\boldsymbol{q}_1$、$\boldsymbol{q}_2$和$\boldsymbol{q}_3$是四元数的虚数部分，也就是向量部分；虚数$\mathbf{i}$、$\mathbf{j}$和$\mathbf{k}$可以用来表达3个笛卡儿坐标系的单位向量$\mathbf{i}$、$\mathbf{j}$和$\mathbf{k}$，并且仍然保持虚数的性质，满足$\mathbf{i}^2=\mathbf{j}^2=\mathbf{k}^2=\mathbf{ijk}=-\mathbf{1}$。单位四元数满足$q_0{}^2+\boldsymbol{q}_1{}^2+\boldsymbol{q}_2{}^2+\boldsymbol{q}_3{}^2=1$（在没有特殊说明的情况下，本书中的四元数均指单位四元数）。四元数表示旋转的物理意义在于假设有一个旋转轴通过坐标系原点$O(0, 0, 0)$，该轴上的单位长度分别是e_x、e_y和e_z。由绕该单位向量(e_x, e_y, e_z)表示的旋转轴旋转角度α可以得到$\boldsymbol{q}=\left[\cos\frac{\alpha}{2},\ e_x\sin\frac{\alpha}{2},\ e_y\sin\frac{\alpha}{2},\ e_z\sin\frac{\alpha}{2}\right]$，四元数的模长度为1。

四元数的根源是复数，共轭四元数就是将四元数的虚向量取反，四元数的共轭复数为：

$$\boldsymbol{q}^*=q_0-\boldsymbol{q}_1\mathbf{i}-\boldsymbol{q}_2\mathbf{j}-\boldsymbol{q}_3\mathbf{k} \tag{7.36}$$

四元数的逆记作$\boldsymbol{q}^{-1}$，定义为四元数的共轭除以它的模。四元数的逆如下式：

$$\boldsymbol{q}^{-1}=\frac{\boldsymbol{q}^*}{\|\boldsymbol{q}\|^2} \tag{7.37}$$

式中，$\|\boldsymbol{q}\|=\sqrt{q_0^2+\boldsymbol{q}_1^2+\boldsymbol{q}_2^2+\boldsymbol{q}_3^2}$，表示四元数的模，并且$\boldsymbol{q}\boldsymbol{q}^{-1}=\boldsymbol{q}^{-1}\boldsymbol{q}=\mathbf{1}$。单位四元数共轭和逆相等。假设一空间向量$\boldsymbol{P}(X, Y, Z)$对一个单位四元数$q$做旋转运动，则将$\boldsymbol{P}$视为一个纯四元数$\boldsymbol{p}=\boldsymbol{X}\mathbf{i}+\boldsymbol{Y}\mathbf{j}+\boldsymbol{Z}\mathbf{k}$，即常量部分为0的四元数，则向量的旋转可表示为：

$$\mathrm{Rot}(\boldsymbol{P})=\boldsymbol{qpq}^* \tag{7.38}$$

从一个方位到另一个方位的角位移，用四元数来表示，被称为四元数的“差”，其可以利用四元数的乘法和逆得到。假设给定一个方位$\boldsymbol{p}$和$\boldsymbol{q}$，计算方位$\boldsymbol{p}$旋转到方位$\boldsymbol{q}$的角位移$\boldsymbol{d}$，可用四元数表示为：

$$\boldsymbol{pd}=\boldsymbol{q} \tag{7.39}$$

由于四元数不满足乘法交换律，对等式两边同时乘以四元数$\boldsymbol{p}$的逆，得：

$$\boldsymbol{d}=\boldsymbol{p}^{-1}\boldsymbol{q} \tag{7.40}$$

通常，在计算机图形学中，空间中的旋转用3×3的旋转矩阵或欧拉角表示，也可以使用四元数表示。四元数和欧拉角、旋转矩阵之间可以方便地进行相互转换。对于四元数 $\boldsymbol{q}=[q_0, q_1, q_2, q_3]$，四元数和旋转矩阵 $\boldsymbol{R}$ 之间的转换公式如下：

$$\boldsymbol{R}=\begin{bmatrix} q_0^2+q_1^2-q_2^2-q_3^2 & 2(q_1\times q_2+q_0\times q_3) & 2(q_1\times q_3-q_0\times q_2) \\ 2(q_1\times q_2-q_0\times q_3) & q_0^2-q_1^2+q_2^2-q_3^2 & 2(q_2\times q_3+q_0\times q_1) \\ 2(q_1\times q_3+q_0\times q_2) & 2(q_2\times q_3-q_0\times q_2) & q_0^2-q_1^2-q_2^2+q_3^2 \end{bmatrix} \tag{7.41}$$

四元数 $\boldsymbol{q}$ 与以 $x-y-z$ 坐标轴顺序旋转的欧拉角 $\text{Euler}=[\boldsymbol{r}_1, \boldsymbol{r}_2, \boldsymbol{r}_3]$ 的转换公式如下：

$$\begin{bmatrix} \boldsymbol{r}_1 \\ \boldsymbol{r}_2 \\ \boldsymbol{r}_3 \end{bmatrix}=\begin{bmatrix} \arctan\dfrac{2(q_0q_1-q_2q_3)}{q_0^2-q_1^2-q_2^2+q_3^2} \\ \arcsin[2(q_0q_2+q_1q_3)] \\ \arctan\dfrac{2(q_0q_3-q_1q_2)}{q_0^2+q_1^2-q_2^2-q_3^2} \end{bmatrix} \tag{7.42}$$

相机的动态变化可以用单位四元数的变化来描述。故可采用迭代扩展卡尔曼滤波方法对帧间旋转矩阵进行估计。由于单位四元数单位范数的约束，单位四元数只有 3 个自由度，所以单位四元数可以仅由向量部分表示。实数部分可以由式（7.43）计算得到，即：

$$q_0=\sqrt{1-q_1^2-q_2^2-q_3^2} \tag{7.43}$$

定义状态向量及状态方程为：

$$\left.\begin{matrix} \boldsymbol{X}\overset{\text{def}}{=}\boldsymbol{q}+\boldsymbol{n} \\ \dot{\boldsymbol{X}}=\boldsymbol{0} \end{matrix}\right\}\Rightarrow \boldsymbol{X}(t_{i+1})=\boldsymbol{X}(t_i) \tag{7.44}$$

式中，$\boldsymbol{n}$ 为状态噪声。

观测方程为：

$$\boldsymbol{Z}(t_i)=\boldsymbol{h}_{i|i-1}[\boldsymbol{X}(t_i)]+\boldsymbol{\eta}(t_i) \tag{7.45}$$

式中，$\boldsymbol{h}$ 是关系当前状态到测量向量 $\boldsymbol{Z}(t_i)$ 的非线性函数；$\boldsymbol{\eta}$ 是测量噪声。

首先，预测 t_{i-1} 时刻的状态值和协方差：

$$\begin{gathered} \hat{\boldsymbol{X}}(t_i^-)=\hat{\boldsymbol{X}}(t_{i-1}^+) \\ \sum t_i^- =\sum t_{i-1}^+ +\sum\nolimits_{\boldsymbol{n}} t_{i-1} \end{gathered} \tag{7.46}$$

式中，$\hat{\boldsymbol{X}}(t_{i-1}^{+})$ 是 $\boldsymbol{X}(t_{i-1})$ 的估计值；$\sum t_{i-1}^{+}$ 是与其相关的协方差；$\hat{\boldsymbol{X}}(t_i^{-})$ 和 $\sum t_i^{-}$ 是预测估计值；$\sum_{\boldsymbol{n}} t_{i-1}$ 是噪声 $\boldsymbol{n}(t_{i-1})$ 的协方差。

其次，更新状态值及协方差：

$$
\begin{aligned}
\boldsymbol{K}(t_i) &= \frac{\sum t_i^{-} \boldsymbol{H}_{i|i-1}^{\mathrm{T}}}{\boldsymbol{H}_{i|i-1} \sum t_i^{-} \boldsymbol{H}_{i|i-1}^{\mathrm{T}} + \sum_{\eta} t_i} \\
\hat{\boldsymbol{X}}(t_i^{+}) &= \hat{\boldsymbol{X}}(t_i^{-}) + \boldsymbol{K}(t_i)\{\boldsymbol{Z}(t_i) - \boldsymbol{h}_{i|i-1}[\hat{\boldsymbol{X}}(t_i^{-})]\} \\
\sum t_i^{+} &= [\boldsymbol{I} - \boldsymbol{K}(t_i)\boldsymbol{H}_{i|i-1}]\sum t_i^{-}
\end{aligned}
\tag{7.47}
$$

式中，$\boldsymbol{K}(t_i)$ 是一个 $3\times N$ 的矩阵，表示卡尔曼增益；$\sum_{\eta} t_i$ 是 $\boldsymbol{\eta}(t_i)$ 的协方差；$\boldsymbol{I}$ 是 3×3 的单位矩阵；$\boldsymbol{H}_{i|i-1}$ 是 $\boldsymbol{h}_{i|i-1}$ 的线性化近似，定义为：

$$
\boldsymbol{H}_{i|i-1} = \left.\frac{\delta \boldsymbol{h}_{i|i-1}}{\delta \boldsymbol{X}(i)}\right|_{\hat{\boldsymbol{X}}(t_i^{-})} \tag{7.48}
$$

7.4.2　最小二乘估计优化算法

我们可以通过对运动估计得到的相机轨迹进行平滑来得到稳定的相机运动。将帧间旋转矩阵 $\boldsymbol{R}$ 用与其对应的四元数 $\boldsymbol{q}$ 来表示，进而将四元数 $\boldsymbol{q}$ 与平移向量 $\boldsymbol{t}$ 组成一个 7 维向量 $\boldsymbol{F}$ 来表示相机位姿。那么最优相机轨迹可通过最小化目标函数来获得，目标函数如下：

$$
O(\boldsymbol{F}) = w_1 \|D(\boldsymbol{F})\|_1 + w_2 \|D^2(\boldsymbol{F})\|_1 + w_3 \|D^3(\boldsymbol{F})\|_1 \tag{7.49}
$$

式中，$\|D(\boldsymbol{F})\|_1$、$\|D^2(\boldsymbol{F})\|_1$、$\|D^3(\boldsymbol{F})\|_1$ 分别是相机位姿一阶、二阶、三阶导数的 L_1 范数；w_1、w_2、w_3 是权重系数，此处分别取 $w_1=10, w_2=1, w_3=100$。可通过线性规划来解决此最优化问题。

7.5　运动补偿

由前后帧之间的旋转矩阵和平移向量可将 2D 特征点对进行 3D 重构，由 7.3 节可知：

$$s_2 \boldsymbol{x}_2 = \boldsymbol{K}(\boldsymbol{R}_2 \boldsymbol{X} + \boldsymbol{T}_2) \tag{7.50}$$

在式（7.50）中有两个未知量，分别为 s_2 和 $\boldsymbol{X}$ 。用 $\boldsymbol{x}_2$ 对等式两边做外积，可以消去 s_2 ，得：

$$0 = \hat{\boldsymbol{x}}_2 \boldsymbol{K}(\boldsymbol{R}_2 \boldsymbol{X} + \boldsymbol{T}_2) \tag{7.51}$$

整理可得关于空间坐标 X 的线性方程为：

$$\hat{\boldsymbol{x}}_2 \boldsymbol{K} \boldsymbol{R}_2 \boldsymbol{X} = -\hat{\boldsymbol{x}}_2 \boldsymbol{K} \boldsymbol{T}_2 \tag{7.52}$$

化为齐次方程为：

$$\hat{\boldsymbol{x}}_2 \boldsymbol{K} \begin{bmatrix} \boldsymbol{R}_2 & \boldsymbol{T} \end{bmatrix} \begin{bmatrix} \boldsymbol{X} \\ 1 \end{bmatrix} = 0 \tag{7.53}$$

用 SVD 求系数矩阵的零空间，再将最后一个元素归一化到 1，即可求得 $\boldsymbol{X}$ 。其几何意义相当于分别从两个相机的光心作过图像像素点的延长线，延长线交点即为方程的解。由于该方法与三角测距类似，因此这种重建方式也被称为三角化重构。

在获得平滑后的旋转矩阵与平移向量及稀疏 3D 点云后，可根据 3D Image Warping 方法将 3D 点云映射到原始帧与稳定帧中，如图 7.8 所示。我们可以将原始帧与稳定帧分别看作参考视点图像与虚拟视点图像。假设 3D 点为 $\boldsymbol{P}_W = (X_W, Y_W, Z_W, 1)\boldsymbol{T}$ ，该点投影在参考视点与虚拟视点图像平面上的像素坐标分别为 $\boldsymbol{p}_1 = (u_1, v_1, 1)\boldsymbol{T}$ 和 $\boldsymbol{p}_2 = (u_2, v_2, 1)\boldsymbol{T}$ 。参考视点 CAM 坐标系与虚拟视点 CAM 坐标系对应的旋转矩阵与平移向量分别为 $\boldsymbol{R}_1$ 和 $\boldsymbol{R}_2$ ， $\boldsymbol{t}_1$ 和 $\boldsymbol{t}_2$ 。

$$\lambda_1 \boldsymbol{p}_1 = \boldsymbol{K}\boldsymbol{R}_1 \left(\begin{bmatrix} X_W \\ Y_W \\ Z_W \end{bmatrix} - \boldsymbol{t}_1 \right) \tag{7.54}$$

$$\lambda_2 \boldsymbol{p}_2 = \boldsymbol{K}\boldsymbol{R}_2 \left(\begin{bmatrix} X_W \\ Y_W \\ Z_W \end{bmatrix} - \boldsymbol{t}_2 \right) \tag{7.55}$$

式中，$\boldsymbol{K}$ 为相机内参矩阵；λ_1 和 λ_2 分别对应相机的齐次比例缩放因子，一般取值为点的深度值。

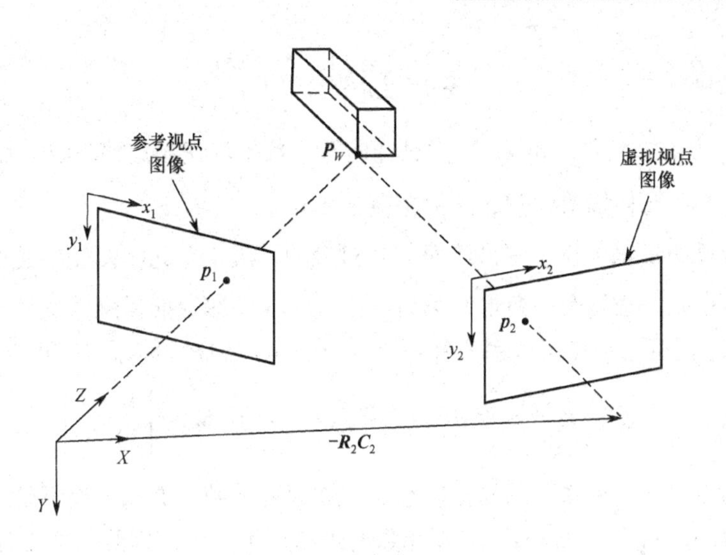

图 7.8　3D Image Warping 方法

这样就可以将 3D 点云分别映射到原始帧及稳定帧上，分别记为 $\hat{\boldsymbol{P}}$ 、$\boldsymbol{P}$ 。每对映射点可生成一个 2D 位移 $\boldsymbol{P}-\hat{\boldsymbol{P}}$ ，该位移可引导从原始帧到稳定帧的变形。这种变形既可以是软约束，也可以是硬约束，它可以通过保持时间相干性和不扭曲场景内容来保持自然视频的视觉效果。基于内容保护的变形有以下几个假设：

（1）将映射点的位移看作软约束，硬约束会导致区域及时间不连续的畸变。

（2）这种变形会尽可能地保护图像的内容。

为满足上述假设，将变形离散化为每个网格的变形，并且使两个加权能量项的能量函数最小，以计算最优变形方案。其中，两个能量项分别为数据项与平滑项，数据项用来体现映射点的位移，平滑项用来测量每个网格单元相似变换后的偏差。

将原始帧均匀分割成 $n\times m$ 个网格，$\hat{\boldsymbol{V}}_{i,j}$ 是 (i,j) 处的网格顶点，计算每个网格的变形结果；$\boldsymbol{V}_{i,j}$ 表示变形后的网格顶点。原始帧中的每个映射点 $\hat{\boldsymbol{P}}$ 通常与顶点 $\hat{\boldsymbol{V}}_{i,j}$ 不重合，所以必须用包围网格单元的 4 个顶点的双线性插值来表示每个约束。将 $\hat{\boldsymbol{V}}_k$ 定义为包围 $\hat{\boldsymbol{P}}_k$ 网格单元 4 个顶点的矢量，$\boldsymbol{V}_k$ 表示稳定帧中对应网格的 4 个顶点。矢量 $\boldsymbol{\omega}_k$ 包含 4 个总和为 1 的双线性插值系数，$\hat{\boldsymbol{P}}_k=\boldsymbol{\omega}_k^{\mathrm{T}}\hat{\boldsymbol{V}}_k$ 表示投影点的双线性插值运算，通过寻找 $\hat{\boldsymbol{P}}_k$ 对应网格单元并反转其双线性插值来计算 $\boldsymbol{\omega}_k$ 。基于以上内容，确定数据项为：

$$E_d = \sum_k \left\| \omega_k^{\mathrm{T}} V_k - P_k \right\|^2 \tag{7.56}$$

式中，V_k 为未知向量；ω_k 和 P_k 为已知向量。数据项使稳定帧中映射点 P_k 与相对应的稳定单元格插值位置之间的距离最小。

平滑项测量每个稳定网格单元与其对应输入网格单元相似变换的偏差。将每个网格单元分成两个三角形，然后应用 Igarashi 等人的保刚性变形方法。如图 7.9 所示，每个顶点可以由另外两个顶点表示，如 V_1 可以用 V_2 和 V_3 表示为：

$$V_1 = V_2 + u(V_3 - V_2) + vR_{90}(V_3 - V_2),\ R_{90} = \begin{bmatrix} 0 & 1 \\ -1 & 0 \end{bmatrix} \tag{7.57}$$

式中，已知局部坐标系中的坐标。然而，如果稳定帧中的三角形不是通过相似变换获得的，那么 V_1 将与 V_2、V_3 计算出来的值不一致。因此，需要计算 V_1 和期望的相似变换下的最小位置距离，即：

$$E_s(V_1) = \left\| V_1 - [V_2 + u(V_3 - V_2) + vR_{90}(V_3 - V_2)] \right\|^2 \tag{7.58}$$

由于 V_1 是四边形的 4 个顶点，每个四边形可以分成两个三角形，故每个顶点的平滑项是由通过该顶点的 8 个三角形平滑求和形成的。

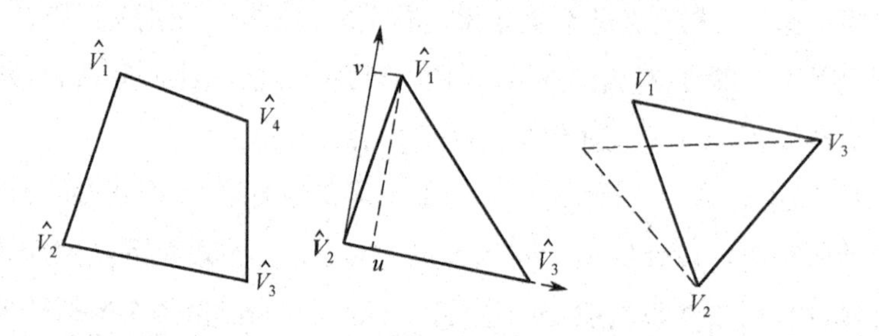

图 7.9　坐标系变换（一个三角形顶点可以在其相反边的局部坐标系 (u,v) 中表示。变形相似变换的偏差可以表示为顶点与它在相似变换（虚线）后位置之间的距离）

上述加权能量项的和是所求网格顶点 $V_{i,j}$ 集合中的最小二乘问题，最终的能量函数为：

$$E = E_d + \alpha E_s \tag{7.59}$$

式中，α 是数据项和平滑项的相对权重。该能量方程是二次的，使用标准的稀疏线性系统求解器（特别是 Matlab 反斜杠运算符）可有效解决二次方程求解问题。然后可以使用标准纹理映射算法根据变形网格来渲染目标视频。

第8章 基于球面模型的稳像方法

8.1 球面稳像模型

8.1.1 球面模型基本原理

基于球面模型的稳像方法首先建立了一个虚拟球体，将每帧图像进行球面投影，映射到该虚拟球面上，即每帧图像对应一个虚拟球体。然后计算相邻帧图像与所对应虚拟球体之间的旋转关系，即获取相机的 3D 运动轨迹。接着对 3D 旋转矩阵序列进行平滑，通过将原始旋转轨迹与平滑后的旋转轨迹进行比较，获取导致相机发生抖动的旋转矩阵序列。最后对虚拟球体进行补偿旋转，使球面展开获得稳定的图像序列。

基于球面的稳像模型忽略了相机的 3D 平移，首先因为相机的随机抖动主要是相机旋转导致的；其次包含 3D 相机平移的运动补偿需要每个像素位置的深度信息，而准确获取图像的深度信息非常困难；故可通过球面模型实现稳像效果。

图 8.1（a）和图 8.1（b）分别表示在第 k 帧图像与第 $k+1$ 帧图像中同一目标 P 的球面投影。目标 $\boldsymbol{P}$ 在两个球面上的位置是不同的。将第 k 帧图像看作参考帧，第 $k+1$ 帧图像，作为当前帧，通过对第 $k+1$ 帧图像对应的球面进行旋转，即对图 8.1（b）进行旋转，得到稳像后的第 $k+1$ 帧对应的虚拟球即图 8.1（d）。图 8.1（c）和图 8.1（d）表示旋转后的虚拟球面。可以看出 $\boldsymbol{P}$ 的相对位置是一致的，$\boldsymbol{P}$ 在视觉效果上是稳定的。

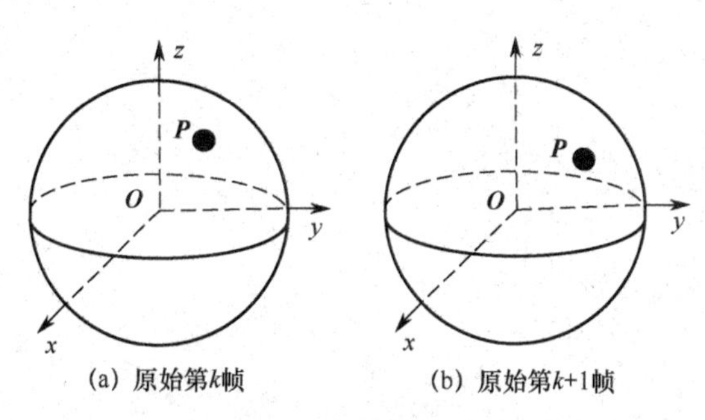

（a）原始第k帧　（b）原始第k+1帧

图 8.1　球面模型

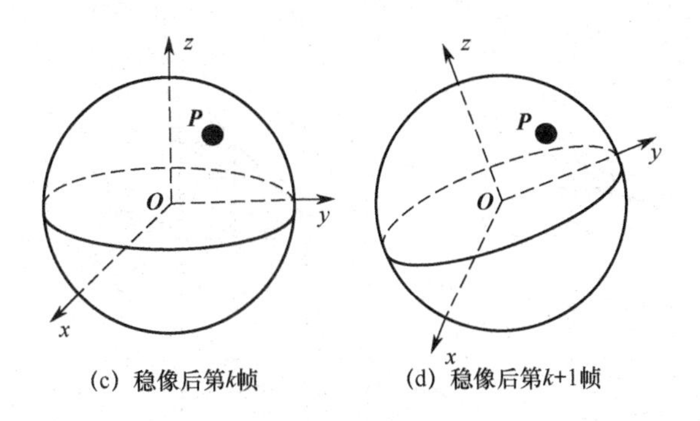

图 8.1　球面模型（续）

8.1.2　球面投影方法

通过 7.2 节中的方法对相机进行标定，获取相机内参。以相机光心为球心，相机光轴为 y 轴，像素焦距为半径建立虚拟球，根据针孔相机模型，基于角度的球面投影法将 2D 图像坐标系转换为 3D 球面坐标系。如图 8.2 所示，点 $\boldsymbol{P}$ 是世界坐标系中的一点，$\boldsymbol{p}$ 是点 $\boldsymbol{P}$ 在图像中的成像点。图像中心点坐标为(u_0, v_0)，$\boldsymbol{O}$ 为光心，$\boldsymbol{P}_s$ 为图像中点 $\boldsymbol{p}$ 对应的球面点，即空间中点 $\boldsymbol{P}$ 与光心 $\boldsymbol{O}$ 的连线分别与图像平面交于点 $\boldsymbol{p}$，与虚拟球面交于点 $\boldsymbol{P}_s$。$\boldsymbol{p}_{xOy}$ 为 $\boldsymbol{p}$ 在 xOy 面上的投影点，φ 为 $\boldsymbol{Op}_{xOy}$ 与 y 轴的夹角，θ 为 $\boldsymbol{OP}$ 与 z 轴的夹角。

像素坐标到角度坐标（坐标值是角度）的转换是按照像素坐标与相机水平垂直视角的比例进行转换的，如图 8.3 所示。

若相机的像素焦距为 f，水平视角为 H_s°，垂直视角为 V_s°，图像的分辨率为 $u \times v$，点 $\boldsymbol{P}$ 的像素坐标为 (U, V)，点 $\boldsymbol{P}$ 的角度坐标为 (A°, B°)，则两坐标系的转换关系为：

$$\begin{cases} \dfrac{U-u/2}{u}=\dfrac{A^\circ}{H_s^\circ\ /2} \\ \dfrac{v/2-V}{v}=\dfrac{B^\circ}{V_s^\circ\ /2} \end{cases} \tag{8.1}$$

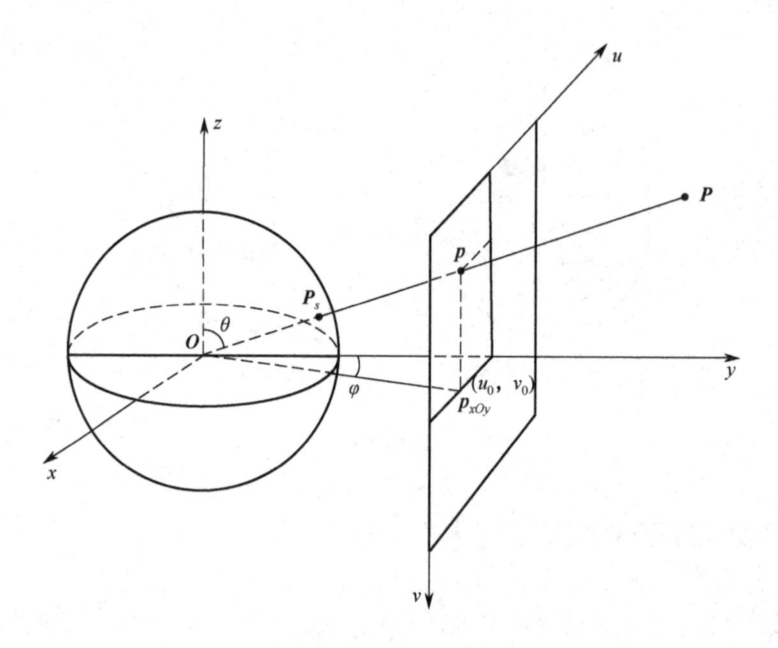

图 8.2 球面投影

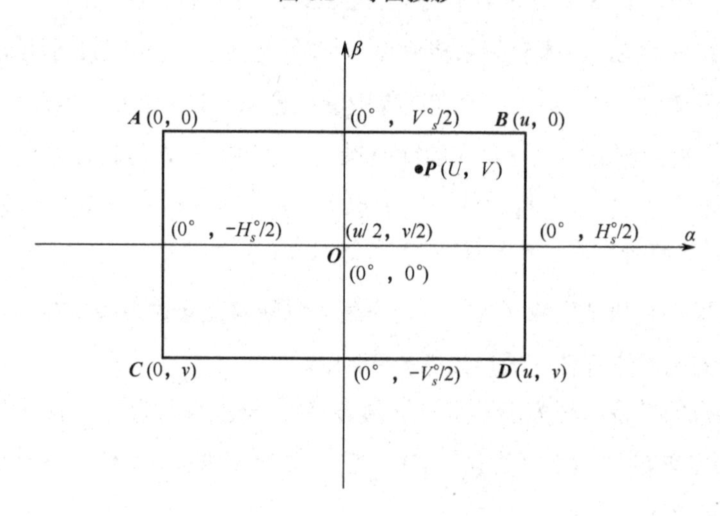

图 8.3 图像像素坐标与角度坐标的关系

由于相机视角与像素坐标并非存在严格的比例关系，若按上述关系转换会存在误差。本书按照针孔相机成像模型，采用像素焦距与像素坐标的反三角函数来进行坐标变换，变换模型如图 8.4 所示。

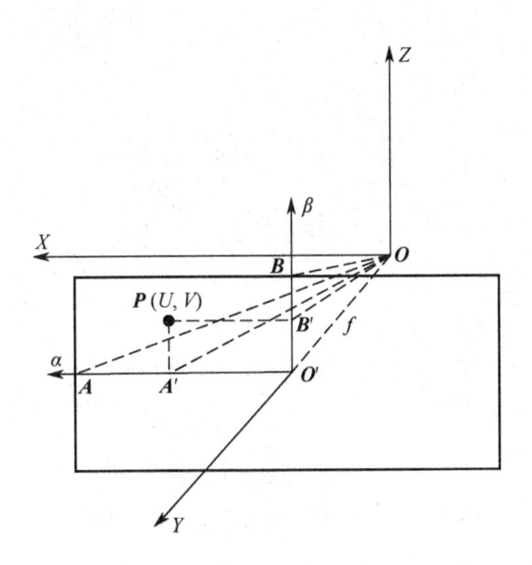

图 8.4　像素坐标与角度坐标变换模型

坐标系 $X-Y-Z$ 为 CAM 坐标系，$\boldsymbol{O}$ 为相机光心，$AO'B$ 为图像平面，在像平面上建立角度坐标系 $\alpha-O'-\beta$，像素焦距 f 可根据张正友标定获得（详见 7.2 节），则根据直角三角形关系可得：

$$\begin{cases}\tan\angle B'OO' = B'O'/f = U/f \\ \tan\angle A'OO' = A'O'/f = V/f\end{cases} \tag{8.2}$$

即

$$\begin{cases}\angle B'OO' = 90^{\circ} - \theta = \arctan\dfrac{U}{f} \\ \angle A'OO' = \varphi = \arctan\dfrac{V}{f}\end{cases} \tag{8.3}$$

式中，$\boldsymbol{P}(\varphi,\ \theta)$ 为对应像素坐标 $\boldsymbol{P}(U,\ V)$ 的球面坐标系经纬度坐标，可将经纬度坐标转换为球面空间物理坐标。

以 $X-Y-Z$ 坐标系建立半径为 1 的单位球面坐标，作为球面相机模型对应的 CAM 坐标系。图 8.5 所示为 $\boldsymbol{P}(\varphi,\ \theta)$ 对应的球面坐标 $\boldsymbol{P}(x,\ y,\ z)$ 变换模型。

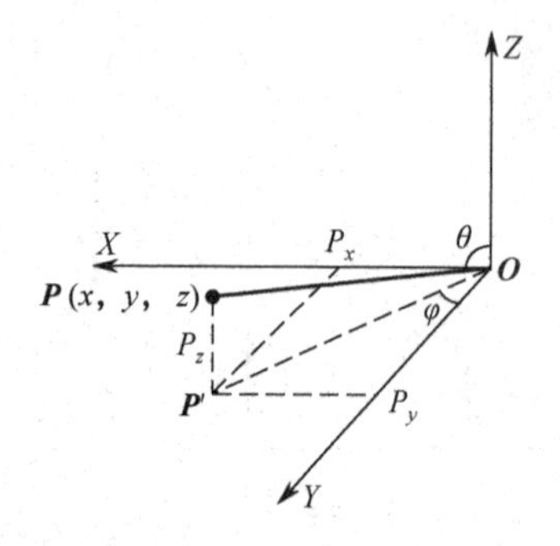

图 8.5　球面坐标变换模型

变换公式：

$$\begin{cases} x = \sin\theta\sin\varphi \\ y = \sin\theta\cos\varphi \\ z = \cos\theta \end{cases} \tag{8.4}$$

这样可以将平面图像转换为 3D 球面图像。

8.1.3　球面展开方法

根据球面投影反算方法，实现对球面图像展开，步骤如下：

（1）根据 3D 点 $\boldsymbol{P}(x, y, z)$ 求出经纬度坐标 $\boldsymbol{P}(\varphi, \theta)$：

$$\varphi = \begin{cases} \arctan\left(\dfrac{x}{y}\right), & y \geqslant 0 \\ \pi + \arctan\left(\dfrac{x}{y}\right), & y < 0 \end{cases} \tag{8.5}$$

$$\theta = \frac{\pi}{2} - a\cos\left(\frac{x}{y}\right) \tag{8.6}$$

（2）$\boldsymbol{P}(\varphi, \theta)$ 到平面像素坐标 $\boldsymbol{P}(U, V)$ 的变换关系为：

$$\begin{cases} U = \dfrac{u}{H_s^{\circ}} \times \left[\varphi + a\tan\left(\dfrac{u}{2f}\right)\right] \\ V = v - \dfrac{v}{V_s^{\circ}} \times \left[\theta + a\tan\left(\dfrac{v}{2f}\right)\right] \end{cases} \tag{8.7}$$

8.2 球面运动估计

与平面两视图几何关系近似相同，如果已知两球面的几何关系后，能够确定空间中一点在一个球面上的投影点 x 在另一个球面上的投影点 $\boldsymbol{x}'$ 。如图 8.6 所示，两球面之间的关系可以由本质矩阵 $\boldsymbol{E}$ 表示：

$$\boldsymbol{x}'^{\mathrm{T}}\boldsymbol{E}\boldsymbol{x}=0 \tag{8.8}$$

式中，$\boldsymbol{x}$、$\boldsymbol{x}'$ 均为 3D 球面点。

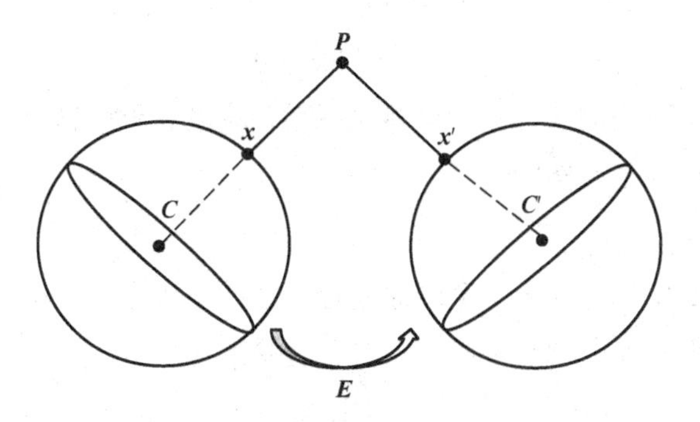

图 8.6　球面两视图几何关系

从本质矩阵 $\boldsymbol{E}$ 中可以分解出旋转矩阵 $\boldsymbol{R}$ 及平移向量 $\boldsymbol{t}$ 。对于针孔相机模型，内参矩阵反映了图像坐标系与 CAM 坐标系之间的关系，而对于球面相机模型来说，图像坐标系与 CAM 坐标系重合，内参矩阵为单位矩阵，进而球面之间的本质矩阵可由 RANSAC 8 点算法求解。

空间中一点 $\boldsymbol{P}=(X,\ Y,\ Z)$ 在两个球面上的投影分别为 $\boldsymbol{x}=(\varphi,\ \theta)$ ，$\boldsymbol{x}'=(\varphi',\ \theta')$ ，由于建立的球面模型为单位球，故 $\boldsymbol{x}$、$\boldsymbol{x}'$ 的坐标可表示为：

$$\begin{gathered}\boldsymbol{x}=\left(\sin\theta\sin\varphi,\sin\theta\cos\varphi,\cos\theta\right)\\ \boldsymbol{x}'=\left(\sin\theta'\sin\varphi',\sin\theta'\cos\varphi',\cos\theta'\right)\end{gathered} \tag{8.9}$$

经矫正后的 $\boldsymbol{x}$、$\boldsymbol{x}'$ 和平移向量 $\boldsymbol{t}$ 共面，因此满足：

$$\boldsymbol{x}^{\mathrm{T}}(\boldsymbol{t}\times\boldsymbol{x}')=0$$
$$\boldsymbol{x}'=\boldsymbol{R}\boldsymbol{x}+\boldsymbol{t} \tag{8.10}$$

式中，$\boldsymbol{R}$ 表示第 2 个球面坐标系到第 1 个球面坐标系的旋转矩阵；$\boldsymbol{t}$ 为两坐标系之间的平移向量。对本质矩阵进行奇异值分解得到 $\mathrm{SVD}(\boldsymbol{E})=\boldsymbol{U}\boldsymbol{L}\boldsymbol{V}^{\mathrm{T}}$，平移向量为 $\boldsymbol{U}$ 的最后一列的正向量或负向量 $\boldsymbol{t}=\pm\boldsymbol{u}_3$，旋转矩阵 $\boldsymbol{R}=\boldsymbol{U}\boldsymbol{W}^{-1}\boldsymbol{V}^{\mathrm{T}}$ 或 $\boldsymbol{R}=\boldsymbol{U}\boldsymbol{W}\boldsymbol{V}^{\mathrm{T}}$，其中：

$$\boldsymbol{W}=\begin{bmatrix}0 & -1 & 0\\ 1 & 0 & 0\\ 0 & 0 & 1\end{bmatrix} \tag{8.11}$$

因此，两球面的位姿关系存在 4 种组合，但仅有一组组合为正确解。由于 $\boldsymbol{x}$、$\boldsymbol{x}'$ 是两个球面坐标系下的点，本质矩阵 $\boldsymbol{E}$ 满足：

$$\boldsymbol{x}^{\mathrm{T}}\boldsymbol{E}\boldsymbol{x}'=0 \tag{8.12}$$

设定第 1 个球面的坐标系为世界坐标系，故世界坐标系上的点 $\boldsymbol{P}$ 与第 1 个球面坐标系存在一个比例因子 λ：

$$\lambda\boldsymbol{x}=\boldsymbol{P} \tag{8.13}$$

第 2 个球面坐标系与第 1 个球面坐标系之间不仅存在一个比例因子 λ'，还存在一个旋转矩阵 $\boldsymbol{R}$ 与平移向量 $\boldsymbol{t}$，它们的关系为：

$$\lambda'\boldsymbol{x}'=\boldsymbol{R}\boldsymbol{P}+\boldsymbol{t} \tag{8.14}$$

当 λ、$\lambda'>0$ 时，满足球面相机模型，将式（8.13）代入式（8.14）得：

$$\lambda'\boldsymbol{x}'-\lambda\boldsymbol{R}\boldsymbol{x}-\boldsymbol{t}=0 \tag{8.15}$$

对于每对 3D 球面点对，可以计算出 4 种外参组合 $(\boldsymbol{R},\ \boldsymbol{t})$，并分别解出 λ、λ'。当两个比例因子均大于 0 时，对应的 $(\boldsymbol{R},\ \boldsymbol{t})$ 是唯一正确解。如图 8.7 所示，以 SSFM 方法实现的抖动前后两帧图像特征点云匹配存在误差。

ICP 算法是根据两个来自不同坐标系的点集计算出两个点集的空间变换，进而进行空间匹配。假定 P、Q 为 3D 空间的两个点集，$p_i=(x_i,\ y_i,\ z_i)$ 为 P 中的点，$q_j=(x_j,\ y_j,\ z_j)$ 为 Q 中的点，两点的欧几里得距离为：

$$d(p_i,\ q_i)=\|p_i-q_i\|=\sqrt{(x_i-x_j)^2+(y_i-y_j)^2+(z_i-z_j)^2} \tag{8.16}$$

3D 点云匹配的目的是找到点集 P 和 Q 对齐匹配的矩阵 $\boldsymbol{R}$ 和向量 $\boldsymbol{t}$，即 $q_i=\boldsymbol{R}p_i+\boldsymbol{t},\ i=1,\ 2,\ \cdots,\ N$，可将此问题规划为目标函数：

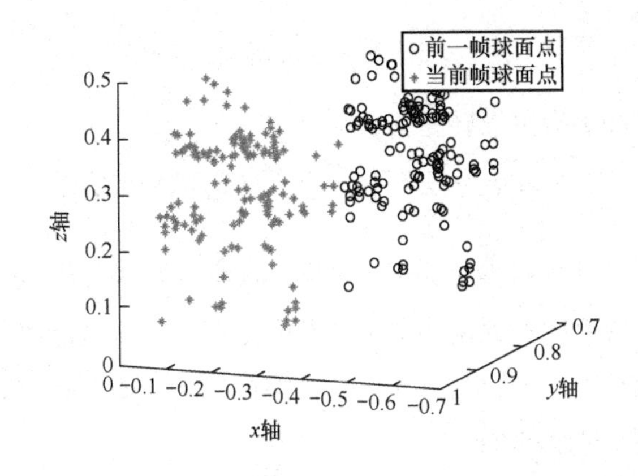

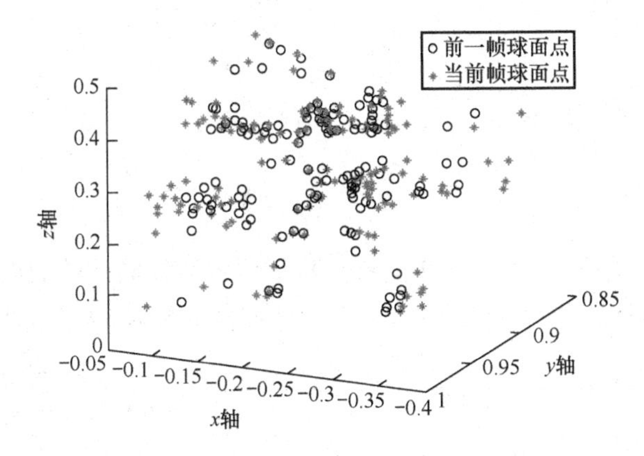

图 8.7　以 SSFM 方法实现的抖动前后帧图像特征点云匹配

$$f(\boldsymbol{R},\ \boldsymbol{t})=\sum_{i=1}^{N}\left\|(\boldsymbol{R}p_i+\boldsymbol{t})-q_i\right\|^2 \tag{8.17}$$

最小时的 $\boldsymbol{R}$ 和 $\boldsymbol{t}$ 。ICP 算法本质上是以最近点为假定的对应关系，通过不断迭代运动变换来确定最近点，即利用对应点云关系不断迭代更新和优化点云的变换矩阵参数，最终逐步优化点云间运动估计。ICP 算法的目的是找到两个点集之间的旋转矩阵 $\boldsymbol{R}$ 和平移向量 $\boldsymbol{t}$ ，使两点集满足最优匹配。

点云初始配准：首先对平移向量 $\boldsymbol{t}$ 进行初始的估算，具体方法是分别计算点集 P 和 Q 的质心：

$$\overline{p}=\frac{1}{N}\sum_{i=1}^{N}p_i\ ,\quad \overline{q}=\frac{1}{N}\sum_{i=1}^{N}q_i \tag{8.18}$$

分别将点集 P 和 Q 平移至质心处：

$$p_i' = p_i - \overline{p}, \quad q_i' = q_i - \overline{q} \tag{8.19}$$

则上述最优化目标函数可以转化为：

$$f(\boldsymbol{R}, \boldsymbol{t}) = \sum_{i=1}^{N} \left\| [\boldsymbol{R}(p_i' + \overline{p}) + \boldsymbol{t}] - (q_i' + \overline{q}) \right\|^2 \tag{8.20}$$

最优化问题可分解为求使 $f(\boldsymbol{R}, \boldsymbol{t})$ 最小的 $\hat{\boldsymbol{R}}$ 及 $\boldsymbol{t} = \overline{q} - \hat{\boldsymbol{R}}\overline{p}$ 。

在确定对应关系时，使用的几何特征是空间中位置最近的点。此处不需要两个点集中的所有点，可以指定从一个点集中选取一部分点，称为控制点。对应第 i 对点，计算点对矩阵：

$$\boldsymbol{A}_i = \begin{bmatrix} 0 & (p_i' - q_i')^{\mathrm{T}} \\ p_i' - q_i' & D_i^M \end{bmatrix} \tag{8.21}$$

$D_i^M = p_i' + q_i'$ ，对于每一对矩阵 $\boldsymbol{A}_i$ 计算矩阵 $\boldsymbol{B}$ ：

$$\boldsymbol{B} = \sum_{i=1}^{m} \boldsymbol{A}_i \boldsymbol{A}_i^{\mathrm{T}} \tag{8.22}$$

原最优化问题可转换为求 $\boldsymbol{B}$ 的最小特征值和特征向量的问题。

在初始匹配后，迭代计算点集 P 和 Q 之间的变换矩阵，并对原变换进行更新，直到迭代次数达到一定值或者两点集之间的距离小于给定的阈值，具体步骤如下：

（1）计算旋转向量 $\boldsymbol{R}_k$ 和平移向量 $\boldsymbol{t}_k$ ，使 $\sum_{i=1}^{N} \left\| (\boldsymbol{R}_k p_i + \boldsymbol{t}_k) - q_i \right\|^2$ 的值最小。

（2）计算 $\boldsymbol{P}_{k+1} = \{p_i^{k+1} \mid p_i^{k+1} = \boldsymbol{R}_k p_i^k + \boldsymbol{t}_k\}$ ，k 表示第 k 次迭代。

（3）计算 d_{k+1} ，如果 d_{k+1} 小于给定的阈值或迭代次数大于最大迭代次数，则终止迭代，否则返回第（1）步。

计算 P 和 Q 之间的变换关系，常用的方法有基于奇异值分解的方法和四元数法。

基于奇异值分解的方法最初是由 ARUN 等人提出的，其实质是指通过矩阵变换的性质来计算最优解。在本书中点集 P 和 Q 是已经完成匹配的特征点对，共有 N 对匹配点。根据式（8.18）计算参考点集 P 与目标点集 Q 的质心 $\overline{p}$ 和 $\overline{q}$ 。则有 $\overline{q} = \boldsymbol{R}\overline{p} + \boldsymbol{t}$ 。

代入目标函数式（8.20），对其分解可得：

$$f(\boldsymbol{R},\ \boldsymbol{t})=\sum_{i=1}^{N}\|q_i'-\boldsymbol{R}p_i'\|^2=\sum_{i=1}^{N}(q_i'^{\mathrm{T}}q_i'+p_i'^{\mathrm{T}}p_i'-2q_i'^{\mathrm{T}}Rp_i') \tag{8.23}$$

要使式（8.23）最小等价于

$$f(\boldsymbol{R},\ \boldsymbol{t})=\sum_{i=1}^{N}q_i'\boldsymbol{R}p_i' \tag{8.24}$$

最小，即求 $\mathrm{tr}(\boldsymbol{H})$，其中 $\boldsymbol{H}=\sum_{i=1}^{N}q_i'\boldsymbol{R}p_i'$ 最小。

对 $\boldsymbol{H}$ 进行 SVD 分解，可以得到：

$$\boldsymbol{H}=\boldsymbol{U}\boldsymbol{\Lambda}\boldsymbol{V}^{\mathrm{T}} \tag{8.25}$$

式中，$\boldsymbol{U}$ 和 $\boldsymbol{V}$ 为正交矩阵；$\boldsymbol{\Lambda}$ 为非负对角矩阵。

通过 SVD 方法求解的具体步骤如下：

（1）分别将两帧图像的 3D 球面点写成矩阵形式，记为 $\{\boldsymbol{P}\}$、$\{\boldsymbol{Q}\}$。

（2）根据式（8.18）分别计算两组点云的质心 $\overline{p}$ 和 $\overline{q}$。

（3）计算矩阵 $\boldsymbol{H}$：

$$\boldsymbol{H}=\sum_{i=1}^{N}(p_i-\overline{p})\times(q_i-\overline{q})^{\mathrm{T}} \tag{8.26}$$

（4）并对其进行奇异值分解：

$$\mathrm{SVD}(\boldsymbol{H})=\boldsymbol{U}\boldsymbol{\Lambda}\boldsymbol{V}^{\mathrm{T}} \tag{8.27}$$

（5）得到矩阵 $\boldsymbol{U}$、$\boldsymbol{V}$ 后，两组点云间的旋转矩阵和平移向量计算公式为：

$$\begin{cases}\boldsymbol{R}=\boldsymbol{V}\boldsymbol{U}^{\mathrm{T}}\\ \boldsymbol{T}=\overline{q}-\boldsymbol{R}\overline{p}\end{cases} \tag{8.28}$$

由于奇异值分解的 ICP 算法将平移向量与旋转矩阵分离，在滤波的过程中需要分别对旋转矩阵和平移向量进行滤波，加大了时间复杂度，故本书采用了基于四元数的点云配准，运动轨迹仅由旋转矩阵来表示。四元数由实数加上 3 个虚数单位 **i**，**j**，**k** 组成。四元数一般可表示为 $a+b\mathbf{i}+c\mathbf{j}+d\mathbf{k}$，其中 a，b，c，d 均为实数。

i，**j**，**k** 运算关系为：

$$\begin{cases}\mathbf{ij}=\mathbf{k}=-\mathbf{ji}\\ \mathbf{jk}=\mathbf{i}=-\mathbf{kj}\\ \mathbf{ki}=\mathbf{j}=-\mathbf{ik}\\ \mathbf{i}^2=\mathbf{j}^2=\mathbf{k}^2=-1\end{cases} \tag{8.29}$$

利用 ICP 算法估计相邻球面相机的姿态关系，需要满足两组球面点云在数目上是一样的，且两组点云对应世界坐标系下唯一坐标点。

单位四元数写成$\bar{\boldsymbol{q}}_R=[q_0 \quad q_1 \quad q_2 \quad q_3]^{\mathrm{T}}$，即方向向量的形式，其中$q_0 \geqslant 0$，且$q_0{}^2+q_1{}^2+q_2{}^2+q_3{}^2=1$，旋转矩阵$\boldsymbol{R}$可表示为：

$$\boldsymbol{R}=\begin{bmatrix} q_0{}^2+q_1{}^2-q_2{}^2-q_3{}^2 & 2(q_1q_2-q_0q_3) & 2(q_1q_3+q_0q_2) \\ 2(q_1q_2+q_0q_3) & q_0{}^2+q_2{}^2-q_1{}^2-q_3{}^2 & 2(q_2q_3-q_0q_1) \\ 2(q_1q_3-q_0q_2) & 2(q_2q_3+q_0q_1) & q_0{}^2+q_3{}^2-q_1{}^2-q_2{}^2 \end{bmatrix} \tag{8.30}$$

四元数法与基于奇异值分解的方法阈值判定相同，其中

$$f(\boldsymbol{R},\ \boldsymbol{t})=\sum_{i=1}^{N}\left\|[\boldsymbol{R}(p_i'+\bar{p})+\boldsymbol{t}]-(q_i'+\bar{q})\right\|^2 \tag{8.31}$$

为最小值时停止迭代，此时$\boldsymbol{R}$和$\boldsymbol{t}$为最优解，四元数法基本流程如下：

（1）分别计算两组点云的质心，与奇异值法相同。

（2）计算出两点云的协方差矩阵：

$$\varSigma_{P,\ Q}=\frac{1}{N}\sum_{i=1}^{N}\left[(p_i-\bar{p})(q_i-\bar{q})^{\mathrm{T}}\right]=\frac{1}{N}\sum_{i=1}^{N}\left[p_iq_i^{\mathrm{T}}\right]-\bar{p}\bar{q}^{\mathrm{T}} \tag{8.32}$$

式中，p_i，q_i为两相邻球面上的坐标点。

（3）对协方差矩阵进行变换，以求对称矩阵：

$$(\varSigma_{P,\ Q})=\begin{bmatrix} \mathrm{tr}\left(\varSigma_{P,\ Q}\right) & \varDelta^{\mathrm{T}} \\ \Delta \varSigma_{P,\ Q}+\varSigma_{P,\ Q}^{\mathrm{T}}--\mathrm{tr}\left(\varSigma_{P,\ Q}\right)\boldsymbol{I}_3 & \end{bmatrix} \tag{8.33}$$

式中，$\mathrm{tr}\left(\varSigma_{P,\ Q}\right)$为矩阵$\varSigma_{P,\ Q}$的迹；$\varDelta=\left\|A_{23}A_{31}A_{12}\right\|^{\mathrm{T}}$；$A_{i,\ j}=\left(\varSigma_{p,\ q}-\varSigma_{P,\ Q}^{\mathrm{T}}\right)_{i,\ j}$；$\boldsymbol{I}_3$为三阶单位矩阵。

（4）求取协方差矩阵$\boldsymbol{Q}\left(\varSigma_{P,\ Q}\right)$的特征向量及其相应的特征值，选择最大特征值对应的特征向量为两组点云的四元数$q_R=[q_0,\ q_1,\ q_2,\ q_3]$。

（5）将四元数q_R转换为旋转矩阵，根据旋转关系求出平移向量：

$$\boldsymbol{q}^{\mathrm{T}}=\bar{q}-\boldsymbol{R}\bar{p} \tag{8.34}$$

若根据旋转关系将点集变换后，将两点集代入目标函数得到的值小于阈值则迭代停止。即当两点云对齐配准转换使目标函数最小，则配准效果最优。目标函数表示如下：

$$f(\boldsymbol{t},\ \boldsymbol{R})=\sum_{i=1}^{n}\left\|p_i-\left(q_i\times\boldsymbol{t}\times\boldsymbol{R}\right)\right\|^2 \tag{8.35}$$

式中，p_i 为标准点云的点，本书设定的是左侧球面坐标点；q_i 为测量点云中的点，本书设定的是右侧球面坐标点。$\boldsymbol{t}$，$\boldsymbol{R}$ 为空间坐标轴变换矩阵。则阈值设定为 $f(\boldsymbol{t},\ \boldsymbol{R})=\varepsilon$，而 $\varepsilon=\min[d^2(p_i,\ q_i)]$，迭代阈值 ε 为最小时 p_i 和 q_i 完成配准。如图 8.8 所示，ICP 点云配准算法较好地实现了前后两帧图像的特征点对配准。

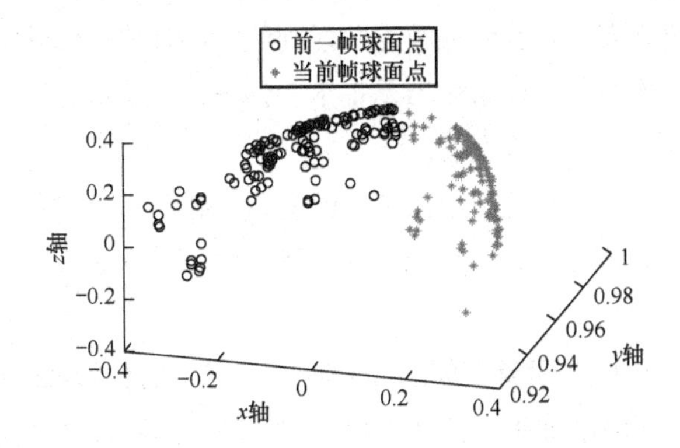

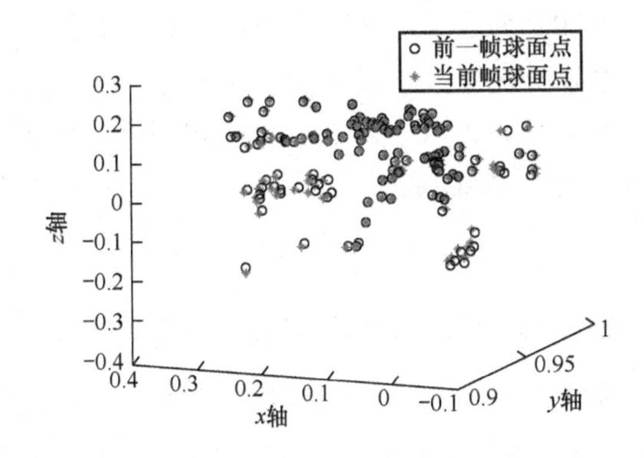

图 8.8 ICP 点云配准

获得前后两帧的旋转矩阵 $\boldsymbol{R}$ 后，即可获得相机的运动轨迹：

$$\text{Path}_i=\boldsymbol{R}_i\boldsymbol{R}_{i-1}\cdots\boldsymbol{R}_1 \tag{8.36}$$

式中，Path_i 表示第 i 帧图像的运动估计；$\boldsymbol{R}_1$ 为单位矩阵；$\boldsymbol{R}_i$ 为第 i 帧与第 $i-1$ 帧之间的旋转矩阵。

8.3 球面运动轨迹平滑

流形学习是机器学习、模式识别中的一种方法，在维数约简方面具有广泛的应用。其主要思想是将高维的数据映射到低维，且使该低维数据能够反映高维数据的本质结构特征。流形学习是基于一种假设：某些高维数据，实际上是一种低维流形结构嵌入高维空间。

流形是局部具有欧几里得空间性质的空间，是欧几里得空间中曲线、曲面的推广。它将曲面本身作为一个独立的几何实体，而不是欧几里得空间的一个几何实体。

2D 流形是 3D 欧几里得空间的 2D 曲面。流形的特点是流形上的每个点都可以建立局部坐标系。如果在流形上建立黎曼度量，则该流形为黎曼流形。黎曼度量是指黎曼空间的几何度量，也就是空间中点与点之间的“弧度”。黎曼流形是具有黎曼度量的微分流形，该流形有个对称正定协变二阶张量场，即每个点处有一个二阶正定矩阵。假设 $\gamma(t):[x,\ y]\to M$ 是黎曼流形 M 上的一段可微分的光滑曲线，其度量定义为 $\boldsymbol{D}(\gamma)$：

$$\boldsymbol{D}(\gamma)=\int_x^y\left\|\gamma^{\mathrm{T}}(t)\right\|d(t) \tag{8.37}$$

式中，$\gamma^{\mathrm{T}}(t)$ 是黎曼流形上点对应的切向量；$\left\|\gamma^{\mathrm{T}}(t)\right\|$ 表示切向量的范数。

所有 3×3 旋转矩阵组成一个特殊的正交群组 $SO(3)$，$SO(3)$ 中的任意元素 $\boldsymbol{R}$ 满足约束条件 $\boldsymbol{R}\boldsymbol{R}^{\mathrm{T}}=\boldsymbol{I}$，该正交群组也认为是欧几里得空间 $\mathbb{R}^9$ 的嵌入式黎曼流形，其中欧几里得空间 $\mathbb{R}^9$ 代表了 3×3 的实矩阵。

测地距离为从欧几里得空间的欧几里得距离到黎曼流形 $SO(3)$ 的延伸，即黎曼流形的度量：

$$d_g(\boldsymbol{R}_m,\ \boldsymbol{R}_n)=\left\|\log_m(\boldsymbol{R}_m^{\mathrm{T}}\boldsymbol{R}_n)\right\|_F \tag{8.38}$$

式中，$\log_m(\cdot)$ 为矩阵对数；$\|\cdot\|_F$ 为矩阵 $\boldsymbol{F}$ 范数。$\log_m(\boldsymbol{R}_m^{\mathrm{T}}\boldsymbol{R}_n)$ 是反对称矩阵，表示切向量空间 $\boldsymbol{T}_{\boldsymbol{R}_m}SO(3)$ 的切向量，该切向量表示从 $\boldsymbol{R}_m$ 到 $\boldsymbol{R}_n$ 在黎曼流形上的方

向，一般将 $\log_m(\boldsymbol{R}_m^{\mathrm{T}}\boldsymbol{R}_n)$ 写作 $\log_{\boldsymbol{R}_m}\boldsymbol{R}_n$，并将其称为对数映射；相反，假设给定切向量 $\xi \in \boldsymbol{T}_{\boldsymbol{R}_m}SO(3)$，定义 $\exp_{\boldsymbol{R}_m}\xi = \boldsymbol{R}_m \mathrm{exp}m(\xi)$，$\mathrm{exp}m(\cdot)$ 表示矩阵的指数操作。$\exp_{\boldsymbol{R}_m}\xi$ 表示指数映射，是将 $\boldsymbol{R}_m$ 沿着切向量 ξ 方向移动。将对数映射和指数映射结合到一起定义曲线：

$$t \in [0,\ 1] \mapsto \gamma(t) = \exp_{\boldsymbol{R}_i}(t \cdot \log_{\boldsymbol{R}_i}\boldsymbol{R}_j) \tag{8.39}$$

该曲线表示从 $\boldsymbol{R}_i$ 到 $\boldsymbol{R}_j$ 的最短测地距离。该曲线在黎曼流形中相当于欧几里得空间中的直线，表示黎曼流形中两点之间的最短路径。最短路径的长度定义为：

$$d_g(\boldsymbol{R}_i,\ \boldsymbol{R}_j) = \left\| \log_m(\boldsymbol{R}_i^{\mathrm{T}}\boldsymbol{R}_j) \right\|_F \tag{8.40}$$

对每个视频序列，通过第 7 章的全局运动估计方法可以获取所有帧对应的 3D 旋转矩阵，然后利用黎曼流形的特性构建这一旋转矩阵序列。

假设 N 帧图像序列的 3D 旋转矩阵序列可表示为：

$$x = \left[\boldsymbol{R}_1,\ \boldsymbol{R}_2, \cdots,\ \boldsymbol{R}_N\right] \tag{8.41}$$

所有可能的包含 N 个元素的旋转矩阵序列组成了 $3N$ 维流形 M_R，该流形是 N 维 $SO(3)$ 流形的笛卡儿积：

$$M_R = SO(3) \times SO(3) \times \cdots \times SO(3) \tag{8.42}$$

该流形 M_R 是 $3N \times 3$ 实矩阵 $(\simeq \mathbb{R}^{9N})$ 的嵌入式黎曼子流形。对于任意 $x \in M_R$，其切向量空间 $\boldsymbol{T}_x M_R$ 可以表示为：

$$[\boldsymbol{\Omega}_1,\ \boldsymbol{\Omega}_2, \cdots,\ \boldsymbol{\Omega}_N]^{\mathrm{T}} \tag{8.43}$$

式中，$\{\boldsymbol{\Omega}_N\}$ 是实斜对称矩阵。也就是说，目标向量与其对应的指数（对数）映射在旋转矩阵序列流形中仍可分离，进而使相关梯度优化算法很容易实现。

视频稳像的目标是消除抖动，使相机的运动轨迹变得平滑。鉴于 $SO(3)$ 的流形结构，很容易用相邻旋转矩阵之间测地距离的和来定义平滑度。同时，要保证平滑后的相机运动轨迹不能偏离原始运动轨迹太多。故将视频稳像规划为目标函数：

$$\min_{\{\boldsymbol{R}_n^{\mathrm{cur}}\}} \sum_{n=1}^{N} \frac{1}{2} d_g^2(\boldsymbol{R}_n^{\mathrm{pre}},\ \boldsymbol{R}_n^{\mathrm{cur}}) + \alpha \sum_{n=1}^{N-1} \frac{1}{2} d_g^2(\boldsymbol{R}_n^{\mathrm{cur}},\ \boldsymbol{R}_{n+1}^{\mathrm{cur}}) \tag{8.44}$$

式中，$\{\boldsymbol{R}_n^{\mathrm{cur}}\}$ 表示稳像后旋转矩阵序列；$\{\boldsymbol{R}_n^{\mathrm{pre}}\}$ 表示原始旋转矩阵序列；α 是

控制平滑路径的参数。尽管目标函数是基于 $SO(3)$ 中元素之间的测地距离衍生出来的，但它是定义在旋转矩阵序列流形 M_R 上的。也就是说，在形式上用 $x \in M_R$ 来代替旋转矩阵序列 $\{\boldsymbol{R}_n^{\text{cur}}\}$ 并且将目标函数写成 $f(x)$。

此目标函数的问题等价于欧几里得空间的无约束二次规划问题。在欧几里得空间这样的问题有很多种解法，在非线性流形中，可以采用迭代法求解目标函数的最小值。相关梯度迭代法在流形中广泛应用于优化问题。对于旋转矩阵序列流形 M_R 上的任意元素 x，给定任一切向量 $\boldsymbol{\xi}_x \in \boldsymbol{T}_x M_R$，使用指数映射 $\exp_x \boldsymbol{\xi}_x$ 沿给定方向 $\boldsymbol{\xi}_x$ 移动。

最陡梯度下降法是沿着梯度 $\text{grad}f(x)$ 的反方向迭代。首先重写目标函数，可以将目标函数写成：

$$f(x)=\sum_{n=1}^{N} g_n(x)+\alpha\sum_{n=1}^{N-1} h_n(x) \tag{8.45}$$

其中

$$\begin{aligned} g_n(x)&=\frac{1}{2}d_g^2(\boldsymbol{R}_n^{\text{pre}},\ \boldsymbol{R}_n^{\text{cur}}) \\ h_n(x)&=\frac{1}{2}d_g^2(\boldsymbol{R}_n^{\text{pre}},\ \boldsymbol{R}_{n+1}^{\text{cur}}) \end{aligned} \tag{8.46}$$

定义 $\boldsymbol{R}_n^{\text{cur}}=\boldsymbol{A}_n x$，$\boldsymbol{A}_n$ 是 $3\times 3N$ 的矩阵，用来从 x 中提取 $\boldsymbol{R}_n^{\text{cur}}$。采用最陡梯度下降法来确定迭代方向：

$$\begin{aligned} \text{grad}\ f(x)=&-\boldsymbol{A}_1^{\text{T}}(\log_{\boldsymbol{A}_1 x}\boldsymbol{R}_1^{\text{pre}}+\log_{\boldsymbol{A}_1 x}\boldsymbol{A}_2 x)- \\ &\sum_{n=2}^{N-1}\boldsymbol{A}_i^{\text{T}}(\log_{\boldsymbol{A}_n x}\boldsymbol{R}_n^{\text{pre}}+\log_{\boldsymbol{A}_n x}\boldsymbol{A}_{n+1}x+\log_{\boldsymbol{A}_n x}\boldsymbol{A}_{n-1}x)- \\ &\boldsymbol{A}_N^{\text{T}}(\log_{\boldsymbol{A}_N x}\boldsymbol{R}_N^{\text{pre}}+\log_{\boldsymbol{A}_N x}\boldsymbol{A}_{N-1}x) \end{aligned} \tag{8.47}$$

使用 Armijo 规则确定迭代步长，确定了方向和步长，可迭代更新 x，直到找到最优解。但是，对当前帧进行滤波时，需要后一帧的信息，故无法做到实时处理需求。本书采用改进的 IIR 滤波方法实现对全景路径的平滑。

假设在原始视频中，第 k 帧的 2D 运动参数为 $\boldsymbol{\theta}_k$，一阶 IIR 滤波计算平滑的运动参数 $\hat{\theta}_k$ 为：

$$\hat{\boldsymbol{\theta}}_k=\alpha\hat{\boldsymbol{\theta}}_{k-1}+(1-\alpha)\boldsymbol{\theta}_k \tag{8.48}$$

式中，$\alpha \in [0,1]$ 是平滑系数；$\boldsymbol{\theta}_k$ 是多维欧几里得空间的向量。例如，运动模型为 2D 仿射变换，那么 $\boldsymbol{\theta}_k$ 的维数为 6。本书采用 3D 旋转相机运动模型，由于式（8.48）是基于欧几里得空间的距离测量，而不是流形 $SO(3)$，故式（8.48）不适用于 3D 旋转模型。

一阶 IIR 滤波可以采用另一种方式表达：

$$\hat{\boldsymbol{\theta}}_k = \arg\min_{\theta} \alpha \left\| \boldsymbol{\theta} - \hat{\boldsymbol{\theta}}_{k-1} \right\|^2 + (1-\alpha) \left\| \boldsymbol{\theta} - \boldsymbol{\theta}_k \right\|^2 \tag{8.49}$$

即 $\hat{\boldsymbol{\theta}}_k$ 是基于欧几里得距离的 $\hat{\boldsymbol{\theta}}_k$ 和 $\boldsymbol{\theta}_k$ 的线性插值。根据黎曼流形的测地距离，可得：

$$\hat{\boldsymbol{R}}_k = \arg\min_{\boldsymbol{R}} \alpha d_g(\boldsymbol{R}, \ \hat{\boldsymbol{R}}_{k-1})^2 + (1-\alpha) d_g(\boldsymbol{R}, \ \boldsymbol{R}_k)^2 \tag{8.50}$$

式（8.50）是基于黎曼流形的线性插值，这种插值等价于代表 3D 旋转矩阵单位四元数的球面线性插值。采用单位四元数代替旋转矩阵，可以加快运算速度。

（1）输入：$\boldsymbol{q}_1,\cdots, \ \boldsymbol{q}_k$（原始旋转矩阵序列）。

（2）输出：$\hat{\boldsymbol{q}}_1,\cdots, \ \hat{\boldsymbol{q}}_k$（平滑后的旋转矩阵序列）。

（3）$\hat{\boldsymbol{q}}_1 = \hat{\boldsymbol{q}}_1$。

（4）$\hat{\boldsymbol{q}}_k = \mathrm{slerp}(\boldsymbol{q}_k, \ \hat{\boldsymbol{q}}_{k-1}, \ \alpha)$，$\hat{\boldsymbol{q}}_k \leftarrow P(\hat{\boldsymbol{q}}_k)$，$k = 2,\cdots, \ K$。

8.4　球面运动补偿

相机抖动主要是由相机旋转导致的，而小幅度平移引起的抖动也可用旋转来表示。所以相机抖动可以用旋转矩阵来体现，通过对路径滤波滤掉的主要为相机抖动，进而可以根据平滑后的路径与原始路径计算出相机抖动值，用旋转矩阵 $\boldsymbol{R}$ 表示：

$$\boldsymbol{R} = S\mathrm{Path} \times \mathrm{INV}(O\mathrm{Path}) \tag{8.51}$$

式中，$S\mathrm{Path}$ 为稳像后路径；$O\mathrm{Path}$ 为原始路径；$\mathrm{INV}(O\mathrm{Path})$ 表示旋转矩阵的逆运算。对当前帧作用于该旋转矩阵 $\boldsymbol{R}$ 即可获得稳定的视频序列。

如图 8.9 所示，可以通过旋转球面来实现稳像效果。用式（8.52）表示补偿为：

$$\begin{bmatrix} \tilde{x}_{ij} \\ \tilde{y}_{ij} \\ \tilde{z}_{ij} \end{bmatrix} = \boldsymbol{R} \begin{bmatrix} x_{ij} \\ y_{ij} \\ z_{ij} \end{bmatrix} \tag{8.52}$$

式中，$\begin{bmatrix} x_{ij} \\ y_{ij} \\ z_{ij} \end{bmatrix}$为抖动帧中的像素点；$\begin{bmatrix} \tilde{x}_{ij} \\ \tilde{y}_{ij} \\ \tilde{z}_{ij} \end{bmatrix}$为稳像帧中的像素点。

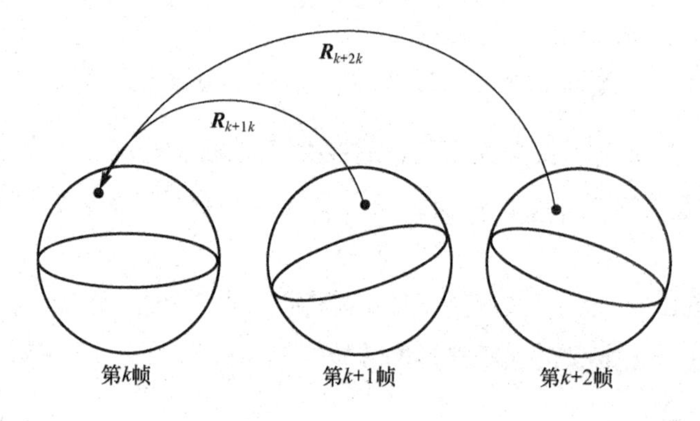

图 8.9　参考帧球面补偿

第9章

球面模型在全景相机上的扩展

9.1 全景相机标定

在计算机视觉中，世界坐标系、CAM 坐标系和图像坐标系之间的变换关系可以使用张正友模型进行相机的标定获取相机的内参和外参，详见 7.2 节。

CAM 坐标系与世界坐标系之间为刚性变换关系，根据张正友标定法即基于 2D 平面板的相机标定方法，获取相机的内参和外参，其方法为：将打印好的棋盘方格阵列贴到平面板上，并自由移动旋转标定板三次以上。由于在标定过程中，相机内参始终不变，只存在外参的不断变换，标定板为世界坐标系，且 $Z=0$。

通过张正友标定方法，可获得每个相机的内参和外参，由于借助双目标定的思想，每两个相机得到的单应性矩阵是相对于同一个标定板，即在同一个世界坐标系下（标定板均在相邻相机视角内）并在同一时刻拍摄的左右两组图像。如图 9.1 所示，相机 C_1 、C_2 是相对于标定板世界坐标系 W_1 ，C_2 、C_3 是相对于标定板世界坐标系 W_2 。其余以此类推，形成一种链状结构，其中 α_1，α_2,…，α_5 为本实验平台夹角，该标定方法同样适用于由全景系统（由 n 个相机构成，n=2，3，4，5，6，7，…）构成的圆形发散摆放的多相机全景系统，这里以 6 个相机全景系统为例。

为了对多相机全景系统进行全局运动估计，将所有相机全景系统联合到一起，需要建立一个统一的世界坐标系。本书介绍的该基于双目标定的多相机全景标定步骤分为两步：首先估计相邻相机间的旋转关系，再根据该旋转关系计算任意两相机间的旋转关系。由于任意两相机的旋转矩阵可以由相邻相机间的旋转矩阵累乘计算，故相邻相机间旋转矩阵的精确度影响其余任意两相机间的旋转关系，因而将该世界坐标即全景系统坐标设定为以 n 个相机中的某一个相机或以全景系统中心建立的右手坐标系统。本书将世界坐标系视为全景坐标系，并将其统一到选定的子 CAM 坐标系下，即该子 CAM 坐标系为全景坐标系。最后由给定的每两个相机的相对旋转关系，估计出全局的相机旋转关系，完成多相机的标定。

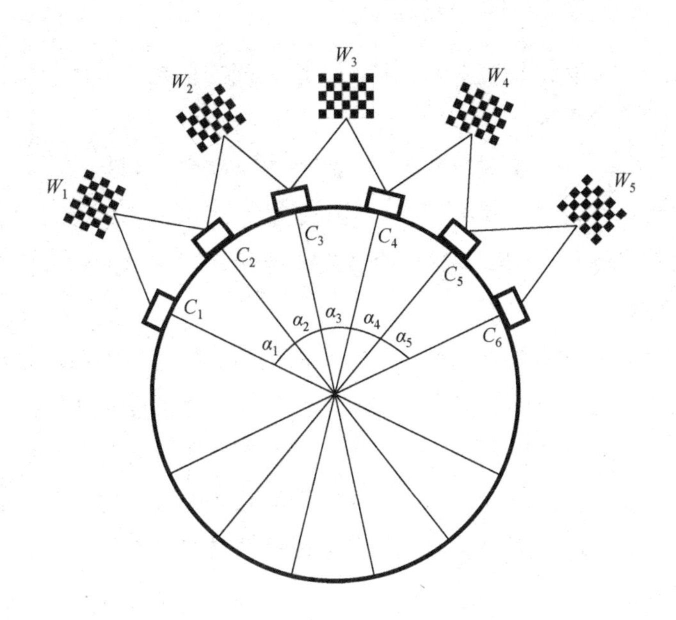

图 9.1　全景相机标定系统模型

计算出每两个相邻相机之间的旋转关系后，对于世界坐标系中任意一点 W，其第 i 个 CAM 坐标系中和第 $i+1$ 个 CAM 坐标系中的坐标分别为 X^i、X^{i+1}。由于世界坐标系到 CAM 坐标系是刚体变换，仅有旋转和平移，因此有：

$$\begin{aligned} \boldsymbol{X}^i &= \boldsymbol{R}^i\boldsymbol{W} + \boldsymbol{t}^i \\ \boldsymbol{X}^{i+1} &= \boldsymbol{R}^{i+1}\boldsymbol{W} + \boldsymbol{t}^{i+1} \end{aligned} \tag{9.1}$$

通过张正友标定方法，$\boldsymbol{R}^i$、$\boldsymbol{t}^i$、$\boldsymbol{R}^{i+1}$、$\boldsymbol{t}^{i+1}$ 已知，式（9.1）可写成：

$$\boldsymbol{X}^{i+1} = \boldsymbol{R}^{i+1}\left(\boldsymbol{R}^i\right)^{-1}\boldsymbol{X}^i + \boldsymbol{t}^{i+1} - \boldsymbol{R}^{i+1}\left(\boldsymbol{R}^i\right)^{-1}t^i \tag{9.2}$$

由于第 i 个和第 i+1 个相机对应的标定板均在这两个相机的视角范围内，相邻相机之间标定的图像为同一时刻两相机所拍摄的图像，以该标定板为世界坐标系，则相邻相机有相同的世界坐标，故可以按照式（9.2）计算出相邻相机 i 和 i+1 的姿态关系。

相邻相机的相对旋转：

$$\boldsymbol{R}^{(i,\ i+1)} = \boldsymbol{R}^{i+1}\left(\boldsymbol{R}^i\right)^{-1} \tag{9.3}$$

相邻相机的相对平移：

$$\boldsymbol{t}^{(i,\ i+1)} = \boldsymbol{t}^{i+1} - \boldsymbol{R}^{i+1}\left(\boldsymbol{R}^i\right)^{-1}t^i \tag{9.4}$$

由于$\boldsymbol{R}^{(i,\ i+1)}$是标准正交矩阵，则$\boldsymbol{R}^{(i,\ i+n)}$之间的关系可以由相邻旋转关系累乘求取，其变换关系为：

$$\boldsymbol{R}^{(i,\ i+n)} = \boldsymbol{R}^{(i,\ i+1)}\boldsymbol{R}^{(i+1,\ i+2)}\cdots\boldsymbol{R}^{(i+n-1,\ i+n)} \tag{9.5}$$

针对以上系统，可以根据相邻相机间的关系求出任意相机间的姿态关系，将各个独立的坐标系统一到其中一个 CAM 坐标系下，以便对多相机全景系统姿态进行估计。

姿态解算通常使用的姿态描述参数有欧拉角、旋转矩阵和四元数。其中，欧拉角采用 3 个可按不同方向顺序的转动角描述刚体的姿态变换；但是欧拉角存在奇异现象，并且会出现万向锁，因此很少用其进行实时姿态解算。旋转矩阵是 3 个轴旋转矩阵的复合，与欧拉角之间有 12 种解算方法。四元数是现在常见的姿态表示方法，但其误差方程协方差矩阵容易产生奇异，影响其在组合导航中的应用效果。

本书为了解决双目标定算法的精度问题，采用了基于罗德里格斯点云配准的思想完成多相机全景系统的标定，算法步骤为：

（1）采用 ORB 对相邻相机图像进行特征提取与匹配，获得 2D 特征点云对。

（2）根据对极几何关系，对匹配错误的外点进行剔除。

（3）根据本书的球面投影算法对 2D 点云进行球面投影以获得 3D 点云对。

（4）按绕任意轴旋转方法，实现 3D 点云对配准，估算相邻相机旋转关系。

（5）根据相邻相机姿态关系，将全景系统的多个相机对应的多个球面坐标系统一到以某个相机建立的球面坐标系，完成多相机全景系统标定。

对于 ORB 获取的相邻相机图像对应的 2D 点云按照第 3 章球面投影方法获得 3D 球面点云对，标记为$\boldsymbol{L}_{\text{sphericalPoint}}$（前一帧球面点）、$\boldsymbol{R}_{\text{sphericalPoint}}$（当前帧球面点），并将 n 对球面点云写成矩阵形式：

$$\begin{cases} \boldsymbol{L}_{\text{sphericalPoint}} = \begin{bmatrix} x_1 & x_2 & x_3 & \cdots & x_n \\ y_1 & y_2 & y_3 & \cdots & y_n \\ z_1 & z_2 & z_3 & \cdots & z_n \end{bmatrix} \\ \boldsymbol{R}_{\text{sphericalPoint}} = \begin{bmatrix} x_1' & x_2' & x_3' & \cdots & x_n' \\ y_1' & y_2' & y_3' & \cdots & y_n' \\ z_1' & z_2' & z_3' & \cdots & z_n' \end{bmatrix} \end{cases} \tag{9.6}$$

分别对 $\boldsymbol{L}_{\text{sphericalPoint}}$、$\boldsymbol{R}_{\text{sphericalPoint}}$ 进行奇异值分解：

$$\begin{cases}[\boldsymbol{LU},\ \boldsymbol{LS},\ \boldsymbol{LV}]=\text{SVD}(\boldsymbol{L}_{\text{sphericalPoint}})\\ [\boldsymbol{RU},\ \boldsymbol{RS},\ \boldsymbol{RV}]=\text{SVD}(\boldsymbol{R}_{\text{sphericalPoint}})\end{cases} \tag{9.7}$$

式中，$\boldsymbol{LU}$、$\boldsymbol{RU}$ 为 3×3 的矩阵；$\boldsymbol{LS}$、$\boldsymbol{RS}$ 是 $3\times n$ 的由特征值构成的矩阵：

$$\boldsymbol{LS}=\begin{bmatrix}\lambda_1 & 0 & 0 & \dots & 0\\ 0 & \lambda_2 & 0 & \dots & 0\\ 0 & 0 & \lambda_3 & \dots & 0\end{bmatrix}\ \boldsymbol{RS}=\begin{bmatrix}\lambda_1' & 0 & 0 & \dots & 0\\ 0 & \lambda_2' & 0 & \dots & 0\\ 0 & 0 & \lambda_3' & \dots & 0\end{bmatrix} \tag{9.8}$$

$\boldsymbol{LS}$、$\boldsymbol{RS}$ 各自最大特征值所在列对应 $\boldsymbol{LU}$、$\boldsymbol{RU}$ 的列向量极大地代表两组球面特征点云位姿关系，那么两向量构成平面的法向量为旋转轴，以两向量的夹角 θ 进行旋转，可以完成球面点云配准，进而估计出两组球面点云对应两虚拟球面相机的姿态关系。

$$a=\arg\max_i\{\lambda_i\},\ b=\arg\max_i\{\lambda_i'\} \tag{9.9}$$

a、b 分别为 $\boldsymbol{LS}$、$\boldsymbol{RS}$ 最大特征值对应的所在列，且 $i=1,\ 2,\ 3$。则 $\boldsymbol{LU}$、$\boldsymbol{RU}$ 对应的 a、b 列分别记作 $\boldsymbol{u}_a$、$\boldsymbol{u}_b$，则两向量夹角 θ 的计算公式为：

$$\theta=\arccos\left(\frac{\boldsymbol{u}_a\boldsymbol{u}_b}{|\boldsymbol{u}_a||\boldsymbol{u}_b|}\right) \tag{9.10}$$

根据两向量差乘计算出旋转轴 $\boldsymbol{v}=(x,\ y,\ z)^{\text{T}}$：

$$\boldsymbol{v}=\boldsymbol{u}_a\times\boldsymbol{u}_b \tag{9.11}$$

有了旋转轴和旋转角度，可利用罗德里格斯绕任意轴旋转的几何关系估算相邻虚拟球面相机的姿态关系，其余相邻相机关系计算方法相同，姿态计算如下：

（1）首先绕 Y 轴进行旋转，将 $\boldsymbol{v}=(x,\ y,\ z)^{\text{T}}$ 旋转至 XOY 平面，如图 9.2 所示。

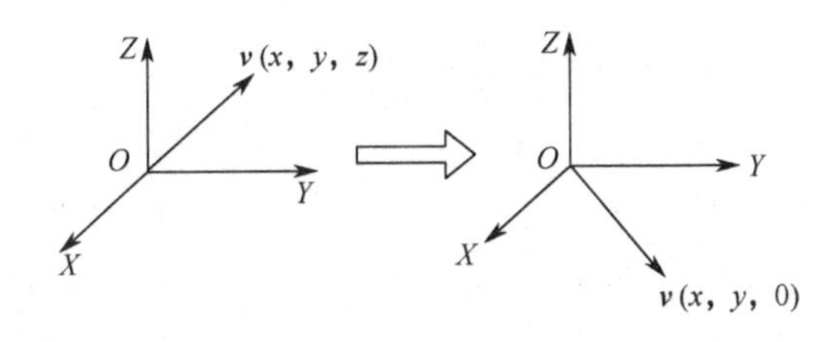

图 9.2　绕 Y 轴旋转

（2）其次绕 Z 轴旋转，将 $\boldsymbol{v}$ 旋转至与 X 轴重合，如图 9.3 所示。

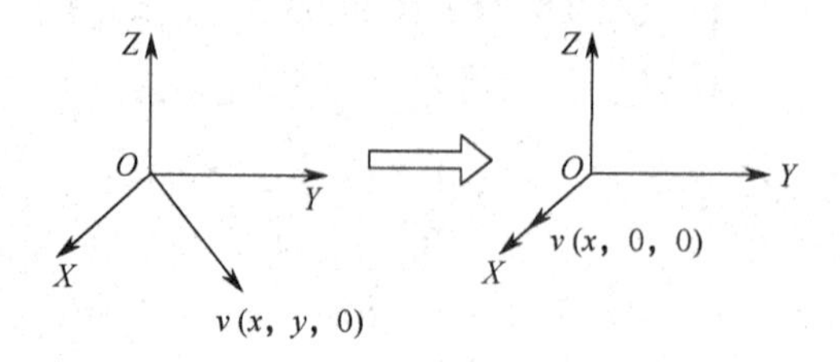

图 9.3　绕 Z 轴旋转

其中，步骤（1）与步骤（2）的旋转关系可由图 9.4 解释，作向量 $\boldsymbol{v}$ 在 XOZ 平面的投影，交于 $\boldsymbol{q}=\left(x,\ 0,\ z\right)^{\mathrm{T}}$，再过 $\boldsymbol{q}$ 作 X 轴的垂线，且 $\boldsymbol{r}=\left(x, 0, \sqrt{x^2+z^2}\right)^{\mathrm{T}}$ 是 $\boldsymbol{v}$ 绕 Y 轴所得。

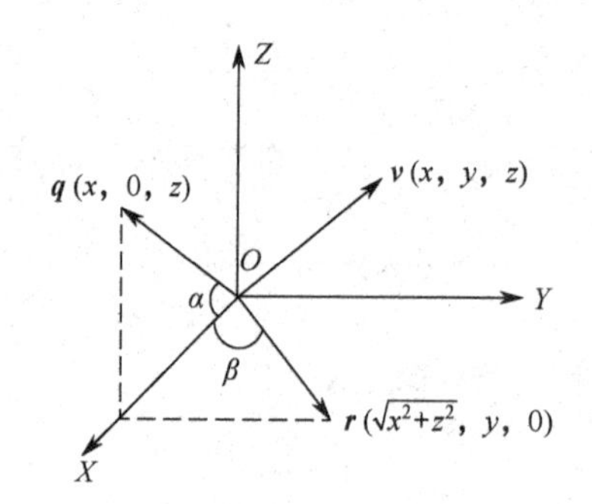

图 9.4　步骤（1）与步骤（2）的旋转关系

点 $\boldsymbol{r}$ 是 $\boldsymbol{v}$ 绕 Y 轴旋转角度 α 所得的点，从图 9.4 中的三角关系易知：

$$\cos\alpha=\frac{x}{\sqrt{x^2+z^2}},\quad \sin\alpha=\frac{z}{\sqrt{x^2+z^2}} \tag{9.12}$$

于是绕 Y 轴旋转 α 角度的旋转矩阵为：

$$\boldsymbol{R}_y(\alpha)=\begin{bmatrix}\cos\alpha & 0 & -\sin\theta \\ 0 & 1 & 0 \\ \sin\alpha & 0 & \cos\alpha\end{bmatrix}=\begin{bmatrix}\frac{x}{\sqrt{x^2+y^2}} & 0 & -\frac{z}{\sqrt{x^2+z^2}} \\ 0 & 1 & 0 \\ \frac{z}{\sqrt{x^2+z^2}} & 0 & \frac{x}{\sqrt{x^2+y^2}}\end{bmatrix} \tag{9.13}$$

将 $\boldsymbol{r}$ 绕 Z 轴旋转到与 X 轴重合，旋转角度为 β，则根据三角关系易知：

$$\cos\beta=\frac{\sqrt{x^2+z^2}}{\sqrt{x^2+y^2+z^2}} \tag{9.14}$$

$$\sin\beta=\frac{y}{\sqrt{x^2+y^2+z^2}} \tag{9.15}$$

于是对应的旋转矩阵为：

$$\boldsymbol{R}_z(\beta)=\begin{bmatrix}\cos\beta & \sin\beta & 0\\ -\sin\beta & \cos\beta & 0\\ 0 & 0 & 1\end{bmatrix}=\begin{bmatrix}-\frac{\sqrt{x^2+y^2}}{\sqrt{x^2+y^2+z^2}} & \frac{y}{\sqrt{x^2+y^2+z^2}} & 0\\ -\frac{y}{-\sqrt{x^2+y^2+z^2}} & \frac{\sqrt{x^2+y^2}}{\sqrt{x^2+y^2+z^2}} & 0\\ 0 & 0 & 1\end{bmatrix} \tag{9.16}$$

（3）$\boldsymbol{v}$ 与 X 轴重合后再绕 X 轴旋转 $\theta=a\cos\left(\frac{\boldsymbol{u}_a\boldsymbol{u}_b}{|\boldsymbol{u}_a||\boldsymbol{u}_b|}\right)$，对应的旋转矩阵为：

$$\boldsymbol{R}_x(\theta)=\begin{bmatrix}1 & 0 & 0\\ 0 & \cos\theta & \sin\theta\\ 0 & -\sin\theta & \cos\theta\end{bmatrix} \tag{9.17}$$

（4）依次执行步骤（2）、步骤（1）的逆过程，则绕任意轴旋转矩阵 $\boldsymbol{R}$ 为：

$$\boldsymbol{R}=\boldsymbol{R}_y(-\alpha)\boldsymbol{R}_z(-\beta)\boldsymbol{R}_x(\theta)\boldsymbol{R}_z(\beta)\boldsymbol{R}_y(\alpha) \tag{9.18}$$

对两帧图像的特征点云进行球面投影获得 3D 球面点云对，将其点云坐标写成矩阵形式，并对其奇异值分解进而求取两个代表两组点云的最大特征向量，并以两向量的法向量及夹角分别为旋转轴和旋转角度，对其按罗德里格斯绕任意轴旋转的方法，计算出旋转矩阵 $\boldsymbol{R}$ 即两相机对应的球面坐标系间的旋转关系，图 9.5 为根据该旋转关系进行左右点云的配准实验。

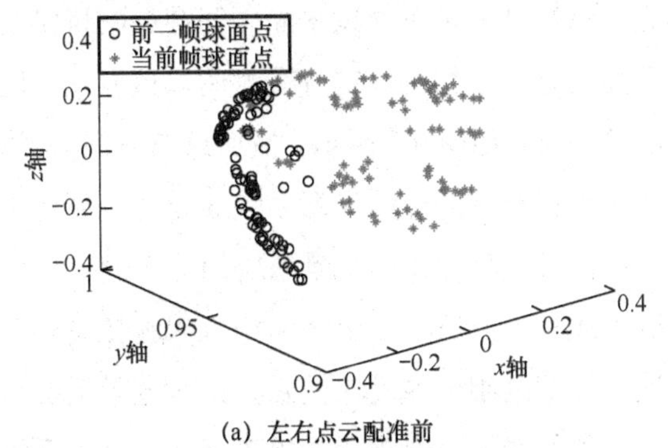

(a) 左右点云配准前

图 9.5　左右点云配准实验

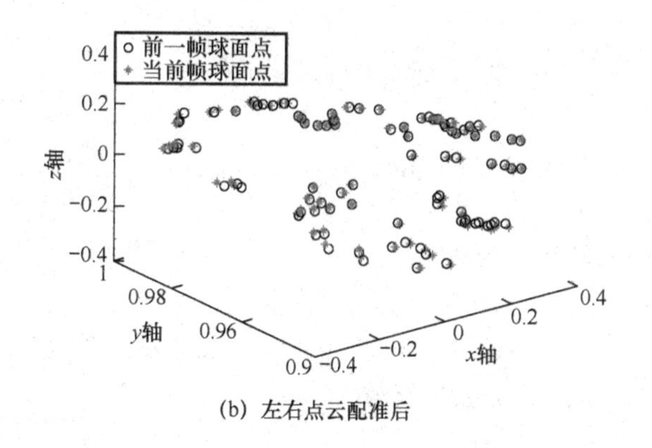

(b) 左右点云配准后

图 9.5 左右点云配准实验（续）

可根据该标定方法估计的旋转关系实现对球面图像的拼接，即对第 2 帧图像的 3D 球面点云左乘该旋转关系，球面拼接效果如图 9.6 所示。

(a) 球内表面图像

(b) 球外表面图像

图 9.6 两相机球面拼接效果

为了验证标定的精确性，可以通过平面展开图像的拼接效果来判定。通过与基于双目标定思想进行的多相机标定方法对比，该方法对应的平面展开图在拼接处错位现象明显改善，如图 9.7 所示。故通过该方法完成全景系统的标定，能相对精确地将各个相机对应的球面坐标系较好地统一到选定的子相机对应的虚拟球面坐标系，以便进一步估计出全景系统的姿态变换。

其余相机按照上述标定方法估计出相邻相机的旋转关系，根据每两个相邻相机旋转关系可确定任意两相机的旋转关系，完成全景系统标定，并实现球面图像的拼接。标定结果的好坏，影响着全景各个球面坐标系的统一问题，进而影响球面图像的拼接与全景系统的运动估计。因此，多相机全景系统的标定技术，是多相机全景电子稳像的前提和关键。

图 9.7　球面展开后的拼接图像

9.2　多相机图像拼接

利用球面旋转进行拼接，首先分别将 n 个相机的图像进行球面投影，标定 n 个相机姿态关系；其次，可以根据相机之间的姿态关系，将 n 个子球面图像进行拼接，即将每个相机统一到一个 CAM 坐标系下，将 n 个相机对应的球面图像旋转到选定的子相机所在的 CAM 坐标系下，最后以该子相机的球面坐标系作为全景系统的世界坐标系。如图 9.8 所示，假设第 k 个相机为关键相机，通过相邻相机之间的旋转关系，可以获取到每个相机到第 k 个相机的旋转关系。进而将每个相机对应的球面旋转到第 k 个相机对应的球面上，完成球面拼接，最后将拼接后的球面进行展开。

假设第 i 个相机对应的球面图像为 SP_i，球面图像拼接可按式（9.19）完成：

$$SP_1' = SP_1$$

$$SP_i' = R^{-1}{}_{1\_2} \cdots R^{-1}{}_{i-1\_i} SP_i,\ \ i \in [2,\ n] \tag{9.19}$$

则变换后的球面图像 SP_1'，…，SP_n' 可以拼接成一个全景球面图像，从而实现了球面图像的拼接。

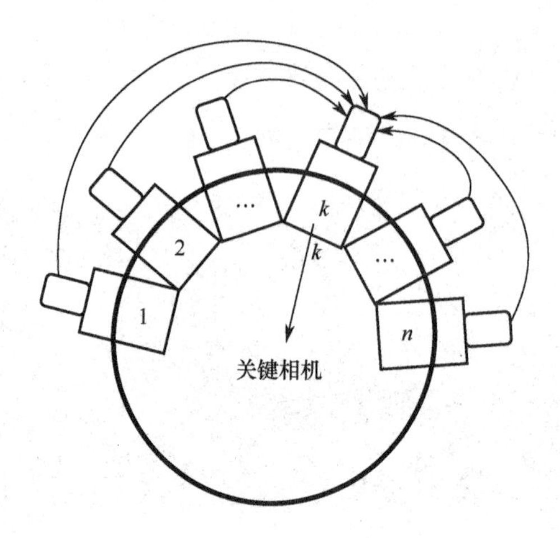

图 9.8　全景相机球面模型

9.3　主运动估计及补偿

由于多 CCD 全景相机系统中各相机刚性地连接在一起，可以通过对单个相机的运动估计进而获取到整个系统的运动轨迹。

分别对 n 个相机进行密集光流可视化，选取前景区域最小的相机作为关键相机。如图 9.9 所示，假设前一帧关键相机为 k 号相机，当前帧关键相机为 $k+1$ 号相机，可将关键相机从 k 号相机转换到 $k+1$ 号相机。对 $k+1$ 号相机采集的图像进行全局运动估计。由于多 CCD 全景相机系统的视角达到 180° 以上，视场范围较广，较利于选取场景内运动单一的关键相机。

由多相机标定可获取到相邻相机之间的旋转关系，当 k 号相机为关键相机时，球面之间的关系为：

$$
\begin{gathered}
SP_i' = R_{i\_i+1} \cdots R_{k-1\_k} SP_i,\ \ i \in [1,\ k) \\
SP_k' = SP_k \\
SP_i' = R^{-1}{}_{k\_k+1} \cdots R^{-1}{}_{i-1\_i} SP_i,\ \ i \in (k,\ n]
\end{gathered}
\tag{9.20}
$$

式中，SP_i，$i=1,2,3,\cdots,n$ 表示每个相机对应的投影球面；SP_i'，$i=1,2,3,\cdots,n$ 表示旋转到关键相机后的投影球面。

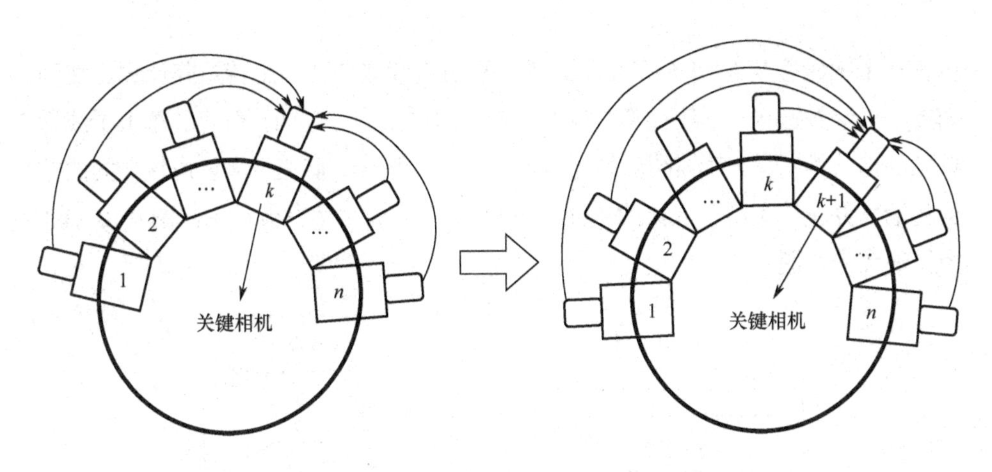

图 9.9　关键相机之间的转换

9.4　全景稳像并行化策略

在验证系统中，CCD 全景相机稳像系统一般由 n 个相机组成，每个相机的图像大小为 $W \times H$，其中 W 为图像的宽度，H 为图像的高度，计算机的内核个数为 N，在进行全景图像拼接及稳像的过程中，由于要做到对图像序列进行实时处理，数据量和计算量非常大，主要任务的时间复杂度非常高，采用单线程编程方法，这些处理任务只能按顺序依次实现。由于图像采集帧频为 30 帧/s，其时间间隔与其他部分处理速度无关，帧内时间无法完成拼接稳像任务，从而导致丢帧现象，故采用串行执行远远达不到实时处理的要求。由于在每帧处理的过程中，前后帧关联性较大，需要根据前后帧的旋转矩阵进行累乘，不利于并行执行。

多核多线程处理器相对于单核处理器改善了内存延迟及系统调度费用这两个资源问题，多核处理器能够获得较高的主频，在每个时钟周期内，多核处理器可执行的单元数将增加数倍。多核处理器具有较低的通信延迟，多核多线程处理器并行技术大大降低了通信延迟，然而多核之间频繁的数据交换仍旧会影响程序的运行速度。

针对以上问题，本算法中创建了 N 个线程，每个线程对应一个核心，其中

包含一个主线程及 $N-1$ 个子线程。主线程负责读取图像、旋转矩阵计算、线程调度、显示数据等，子线程负责球面投影、图像拼接、运动补偿等。每个子线程单独处理一帧图像，每帧图像的处理均在一个内核中，避免了大量内核之间的数据传输，并充分利用了多核的特性。图 9.10（a）为主线程流程图，图 9.10（b）为子线程流程图。

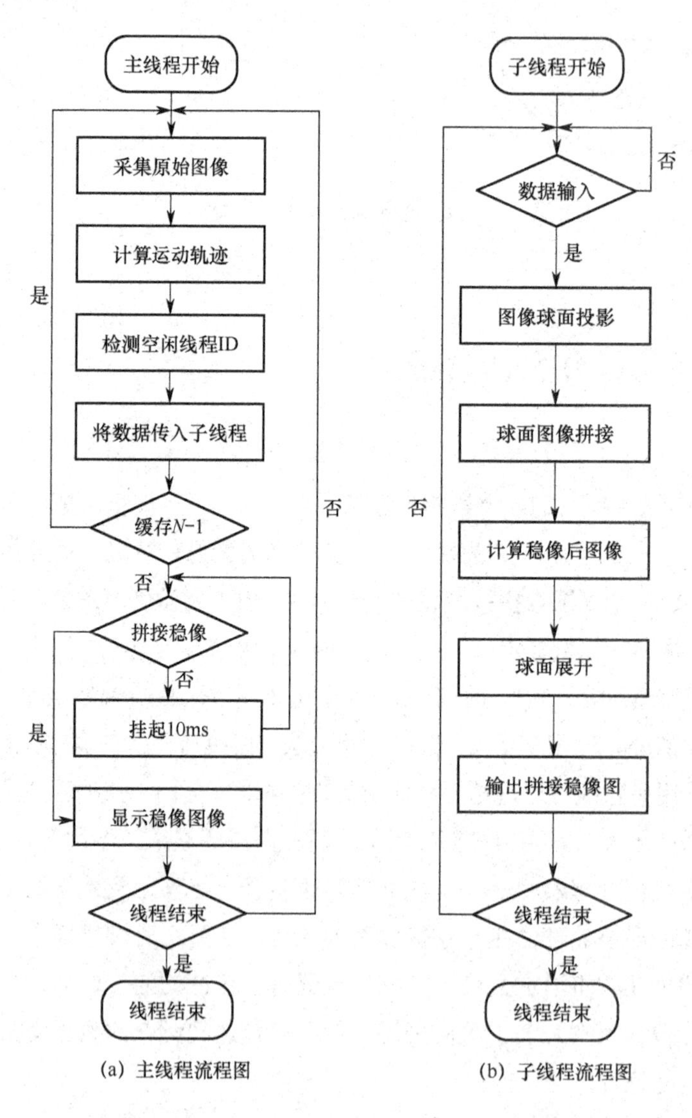

图 9.10　多 CCD 全景稳像并行化流程图

主线程根据采集到原始图像计算当前帧的运动轨迹，并将运动轨迹及原始图像传入子线程，等待缓存 $N-1$ 帧后输出从子线程返回的拼接图及稳像图；子线程将主线程传入的图像重映射到球面上，根据相机之间相对位姿进行球面拼接，将拼接图作运动轨迹的逆变换获取稳像图像，返回给主线程。

在主线程中进行旋转矩阵的计算及累乘获得运动轨迹，将图像及运动轨迹传入子线程，在子线程中对 n 帧图像进行球面投影、拼接，并根据运动轨迹进行运动补偿，获得全景拼接图及稳像图，按照图像编号，存入对应的存放拼接稳像图的数组中，主线程按顺序提取该数组中的图像输出，即可获得拼接图及稳像图。

在内存中开辟两个区域来实现主线程与子线程之间的通信，第 1 个区域用于主线程向子线程传递数据，每个子线程对应该区域中的一块，子线程实时判断该位置是否有数据传入，若该块有数据，则子线程开始处理数据，否则子线程处于睡眠状态。第 2 个区域用来存放子线程处理后的数据，即拼接图与稳像图，子线程生成拼接图与稳像图后，将其按照图像序列号存放到该区域对应的位置，主线程依次访问该区域获取拼接图与稳像图并输出。图 9.11 为主线程与子线程之间的通信。

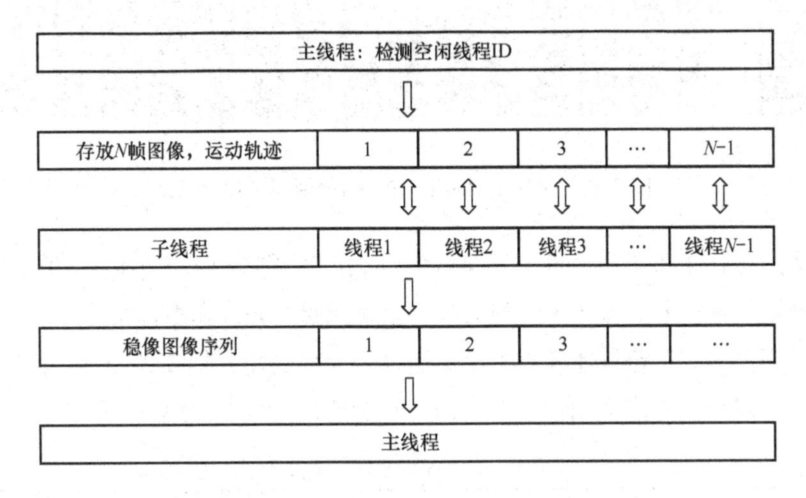

图 9.11　主线程与子线程之间通信示意图

多 CCD 全景相机稳像实验是在 PEIS 软件实验平台上进行的，PEIS 实验验证系统是在 Visual Studio 2010 环境下开发的应用软件系统，它运行在 PC 上，由 6 个 CCD 工业相机和图像采集卡组成整个系统，该系统可以实现全景稳像算法并可对其进行验证。在实验中，并行化处理采用基于多 CCD 的全景相机稳像算法并行化技术。基于实验中采用的 PC 为 16 核的，故创建 16 个线程，每个线程对应一个核心，其中 1 个主线程，15 个子线程，缓存 15 帧图像，将图像延迟 15 帧输出，分别指派到 15 个线程中，15 帧图像同时处理，即用采集 15 帧图像的时间来处理一帧图像。每捕获一次图像，检测空闲线程 ID，将数据传入相应 ID 的线程中。

图 9.12 中显示了并行化策略下 CPU 的使用率及使用记录，CPU 的总使用率达到了 61%，每个核的利用率基本相同。

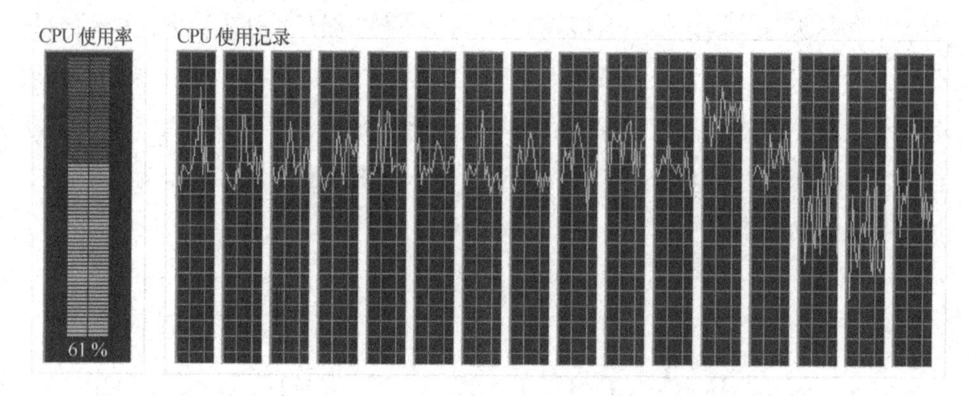

图 9.12 并行化策略下 CPU 的使用率及使用记录

实验工作平台为：Intel（R）Xeon（R）CPU E5620 2.40GHz，24GB 内存，图像帧频为 30 帧/s。表 9.1 所列的实验结果表明，并行和串行相比，CPU 利用率有了明显提高，运算速度有了显著加强。CPU 利用率提高了 46%，帧频提高了 5 倍，同时内存的使用率有所增加，且对稳像效果无影响。

表 9.1 单线程与多线程效率对比

线程模式	CPU 利用率（%）	帧频（帧/s）	内存使用（GB）
单线程	14	4	6.1
多线程	60	24	7.6

参考文献

[1] C Jia, B L Evans. 3D rotational video stabilization using manifold optimization[J]. IEEE International Conference on Acoustics. Speech and Signal Processing, 2013: 2493-2497.

[2] M Grundmann, V Kwatra, I Essa. Auto-directed video stabilization with robust L1 optimal camera paths[J]. IEEE Conference on Computer Vision and Pattern Recognition, 2011: 225-232.

[3] C Urmson, J Anhalt, D Bagnell, et al. Autonomous driving in urban environments: Boss and the Urban Challenge[J]. Journal of Field Robotics, 2008, 25: 425–466.

[4] S Liu, L Yuan, P Tan, et al. Bundled camera paths for video stabilization[J]. Acm Transactions on Graphics, 2013, 32: 1-10.

[5] B K P Horn. Closed-form solution of absolute orientation using unit quaternions[J]. J.opt.soc.am.a. 2016,5: 1127-1135.

[6] C Jia, B L Evans. Constrained 3D Rotation Smoothing via Global Manifold Regression for Video Stabilization[J]. IEEE Transactions on Signal Processing, 2014, 62: 3293-3304.

[7] F Liu, M Gleicher, H Jin, et al. Content-preserving warps for 3D video stabilization[J]. ACM SIGGRAPH, 2009: 44.

[8] A Kendall, M Grimes, R Cipolla. Convolutional networks for real-time 6-DOF camera relocalization[J]. Education for Information, 2015, 31: 125-141.

[9] D Hao, Q Li, C Li. Digital Image Stabilization Method Based on Variational Mode Decomposition and Relative Entropy[J]. Entropy, 2017, 19: 623.

[10] C Morimoto, R Chellappa. Fast 3D Stabilization and Mosaic Construction[J]. Proceedings 1997 IEEE Computer Society Conference on, 1997: 660-665.

[11] Y H Chen, H Y S Lin, C W Su. Full-Frame Video Stabilization via SIFT Feature Matching[J]. Tenth International Conference on Intelligent Information Hiding and Multimedia Signal

Processing, 2014: 361-364.

[12] Y Matsushita, E Ofek, W Ge, et al. Full-frame video stabilization with motion inpainting[J]. IEEE Transactions on Pattern Analysis & Machine Intelligence, 2006, 28: 1150.

[13] L Zhang, X Q Chen, X Y Kong, et al. Geodesic Video Stabilization in Transformation Space[J]. IEEE Transactions on Image Processing, 2017, 26: 2219-2229.

[14] F Monti, D Boscaini, J Masci, et al. Geometric Deep Learning on Graphs and Manifolds Using Mixture Model CNNs[C]. CVPR，2016: 5425-5434.

[15] B H Chen, A Kopylov, S C Huang, et al. Improved global motion estimation via motion vector clustering for video stabilization[J]. Engineering Applications of Artificial Intelligence, 2016, 54: 39-48.

[16] H Guo, S Liu, T He, et al. Joint Video Stitching and Stabilization From Moving Cameras[J]. IEEE Transactions on Image Processing, 2016, 25: 5491-5503.

[17] B M Smith, L Zhang, H Jin, et al. Light field video stabilization[J]. IEEE International Conference on Computer Vision, 2009: 341-348.

[18] S Liu, P Tan, L Yuan, et al. MeshFlow: Minimum Latency Online Video Stabilization[J]. European Conference on Computer Vision, 2016: 800-815.

[19] C A Kapoutsis, C P Vavoulidis, I Pitas. Morphological iterative closest point algorithm[J]. IEEE Transactions on Image Processing A Publication of the IEEE Signal Processing Society, 1999, 8: 1644.

[20] G M Jacob, S Das. Moving Object Segmentation for Jittery Videos, by Clustering of Stabilized Latent Trajectories[J]. Image & Vision Computing, 2017: 64.

[21] C Buehler, M Bosse, L Mcmillan. Non-metric image-based rendering for video stabilization[J]. in Computer Vision and Pattern Recognition, 2001. CVPR 2001. Proceedings of the 2001 IEEE Computer Society Conference on, 2003: 609.

[22] J Nocedal, S J Wright. Numerical Optimization[M]. Second Edition. New York: Springer, 1999.

[23] C Jia, B L Evans. Online motion smoothing for video stabilization via constrained multiple-model estimation[J]. Eurasip Journal on Image & Video Processing, 2017: 25.

[24] P A Absil, R Mahony, R Sepulchre. Optimization algorithms on matrix manifolds[M]. Princeton University Press, 2008.

[25] P U Press. Optimization Algorithms on Matrix Manifolds[M]. Princeton University Press, 2009, 78: 1233-1236.

[26] E Rublee, V Rabaud, K Konolige, et al. ORB: An efficient alternative to SIFT or SURF[J]. IEEE International Conference on Computer Vision, 2012: 2564-2571.

[27] Z Ren, M Fang, S Si, et al. A parallel strategy for stabilization algorithm of panoramic camera based on multi-CCD[J]. World Congress on Intelligent Control and Automation, 2016: 840-844.

[28] Z Zhou, H Jin, Y Ma. Plane-Based Content Preserving Warps for Video Stabilization[J]. Computer Vision and Pattern Recognition, 2013: 2299-2306.

[29] A Litvin, J Konrad, W C Karl. Probabilistic video stabilization using Kalman filtering and mosaicing[J]. Proceedings of SPIE - The International Society for Optical Engineering, 2003, 5022: 663-674.

[30] T N Shene, K Sridharan, N Sudha. Real-Time SURF-Based Video Stabilization System for an FPGA-Driven Mobile Robot[J]. IEEE Transactions on Industrial Electronics, 2016, 63: 5012-5021.

[31] H Karcher. Riemannian center of mass and mollifier smoothing[J]. Communications on Pure & Applied Mathematics, 1977 30: 509–541.

[32] M Okade, G Patel, P K Biswas. Robust Learning-Based Camera Motion Characterization Scheme With Applications to Video Stabilization[J]. IEEE Transactions on Circuits & Systems for Video Technology, 2016, 26: 453-466.

[33] S Jeon, I Yoon, J Jang, et al. Robust Video Stabilization Using Particle Keypoint Update andl1-Optimized Camera Path[J]. Sensors（Basel, Switzerland）, 2017 17: 337.

[34] G Hanning, N Forslöw, P E Forssén, et al. Stabilizing cell phone video using inertial measurement sensors[J]. IEEE International Conference on Computer Vision Workshops, 2012: 1-8.

[35] F Yan, A M Iliyasu, H Yang, et al. Strategy for quantum image stabilization[J]. Science China

Information Sciences, 2016, 59: 52-102.

[36] J Ko, W J. Yoon, Y S Kim. A study on surgical robot image stabilization[J]. Multimedia Tools & Applications, 2017: 1-13.

[37] C Liu, X Li, M Wu. Video Stabilization Algorithm Based on Kalman Filter and Homography Transformation. New York: Springer, 2017.

[38] G Zhang, W Hua, X Qin, et al. Video stabilization based on a 3D perspective camera model[J]. Visual Computer, 2009, 25: 997.

[39] Y J Koh, C Lee, C S Kim. Video Stabilization Based on Feature Trajectory Augmentation and Selection and Robust Mesh Grid Warping[J]. IEEE Transactions on Image Processing, 2015, 24: 5260-5273.

[40] X Zheng, S Cui, G Wang, et al. Video Stabilization System Based on Speeded-up Robust Features[C]. International Industrial Informatics and Computer Engineering Conference, 2015.

[41] S Pereira, V Ansari. Video stabilization using image alignment approach[J]. International Conference on Information Communication and Embedded Systems, 2017: 1-5.

[42] R Kumar, A Azam, S Gupta, et al. Video stabilization using regularity of energy flow[J]. Signal Image & Video Processing, 2017: 1-8.

[43] P Tan, J Bu, L Yuan, et al. Video stabilization with a depth camera[J]. IEEE Conference on Computer Vision and Pattern Recognition, 2012: 89-95.

[44] A Walha, A Wali, A M Alimi. Video stabilization with moving object detecting and tracking for aerial video surveillance[M]. Kluwer Academic Publishers, 2014.

[45] 刘文. 船载移动视频电子稳像方法研究[D]. 大连: 大连海事大学, 2017.

[46] 朱娟娟. 电子稳像理论及其应用研究[D]. 西安: 西安电子科技大学, 2009.

[47] 黄文娟, 王敬东, 薛重飞, 等. 电子稳像中的参考帧选择策略[J]. 红外技术, 2016, 38: 163-167.

[48] 赵烈烽. 高分辨环带成像系统特性及应用研究[D]. 杭州: 浙江大学, 2008.

[49] 吴威, 许廷发, 王亚伟, 等. 高精度全景补偿电子稳像[J]. 中国光学, 2013, 6: 378-385.

[50] 李贤涛. 航空光电稳定平台扰动抑制技术的研究[D]. 长春: 中国科学院长春光学精密

机械与物理研究所, 2014.

[51] 王诗言. 基于 2D/3D 视频的运动分割与运动估计[D]. 杭州: 浙江大学, 2013.

[52] 张淼, 郭成娇, 李向阳, 等. 基于SIFT和卡尔曼滤波的电子稳像技术研究[J]. 信息技术, 2012: 60-64.

[53] 陈滨, 杨利斌, 赵建军. 基于 SIFT 特征的视频稳像算法[J]. 兵工自动化, 2016 45-48.

[54] 初守艳. 基于背景特征匹配的稳像算法研究[D]. 哈尔滨: 哈尔滨工程大学, 2014.

[55] 罗瑾, 许杰. 基于车道线交点的车载视频稳像算法[J]. 计算机技术与发展, 2013: 1-4.

[56] 巩稼民, 徐嘉驰, 邢仁平, 等. 基于分块灰度投影的电子稳像算法[J]. 西安邮电大学学报, 2017, 22: 60-64.

[57] 聂婷, 郝贤鹏, 付天骄, 等. 基于改进 FAST 特征匹配的电子稳像算法[J]. 电子测量技术, 2015: 42-45.

[58] 吉淑娇, 朱明, 雷艳敏, 等. 基于改进运动矢量估计法的视频稳像[J]. 光学精密工程, 2015, 23: 1458-1465.

[59] 贾彦茹, 杨高伟. 基于块匹配的稳像系统研究[J]. 高师理科学刊, 2017 37: 24-27.

[60] 汪波. 基于特征匹配的电子稳像算法研究[J]. 数字技术与应用, 2016: 126-126.

[61] 吉淑娇. 基于特征匹配的机载电子稳像技术研究[D]. 长春: 中国科学院长春光学精密机械与物理研究所, 2015.

[62] 熊晶莹. 基于特征提取与匹配的车载电子稳像方法研究[D]. 长春: 中国科学院长春光学精密机械与物理研究所, 2017.

[63] 孙静, 郑永果. 基于统一坐标的多相机旋转关系估计[J]. 信息技术与信息化, 2010: 36-39.

[64] 范叶平, 郭政, 张锐. 基于下采样灰度投影的电子稳像算法研究[J]. 工矿自动化, 2017, 43: 22-27.

[65] 尹丽华, 李范鸣, 刘士建. 基于自适应补偿的电子稳像方法[J]. 激光与红外, 2017: 1438-1445.

[66] X Yajin, X Zhihai, F Huajun, et al. 基于最小生成树与改进卡尔曼滤波器的实时电子稳像方法[J]. 光子学报, 2017, 47.

[67] 梁柱. 浅议视频稳像技术的应用[J]. 企业文化旬刊, 2013.

[68] 刘江一. 全景成像技术若干关键问题的研究[D]. 天津: 天津大学, 2007.

[69] 马宏业. 全景摄像系统电子稳像方法研究[D]. 哈尔滨: 哈尔滨工程大学, 2009.

[70] 魏闪闪, 谢巍, 贺志强. 数字视频稳像技术综述[J]. 计算机研究与发展, 2017 54: 2044-2058.

[71] 张艳超, 王芳, 赵建, 等. 投影特征峰匹配的快速电子稳像[J]. 光学精密工程, 2015 23: 1768-1773.

[72] 贾永华. 一种安防专用视频增强仪[J]. 中国公共安全, 2010: 151-154.

[73] 程德强, 郭政, 刘洁, 等. 一种基于改进光流法的电子稳像算法[J]. 煤炭学报, 2015, 40: 707-712.

[74] 司书哲, 徐晶, 任正玮, 等. 一种基于鲁棒背景运动估计的电子稳像算法[J]. 长春理工大学学报（自然科学版）, 2015, 38: 101-106.

[75] 赖丽君, 徐智勇, 张栩铫. 应用于稳像系统中的改进梯度光流法[J]. 红外与激光工程, 2016, 45: 273-279.

[76] 曾吉勇, 苏显渝. 折反射全景成像系统[J]. 光电子・激光, 2003, 25: 485-488.

[77] 钟平. 机载电子稳像技术研究[D]. 长春: 中国科学院长春光学精密机械与物理研究所, 2003.

[78] 谷素梅. 大型光学惯性稳定跟踪仪器稳像精度测试系统原理方案探讨[J]. 应用光学, 1998, 19(6): 5-8.

反侵权盗版声明

举报电话：（010）88254396；（010）88258888

传　　真：（010）88254397

E-mail：　dbqq@phei.com.cn

通信地址：北京市万寿路 173 信箱

　　　　　电子工业出版社总编办公室

邮　　编：100036